世界奥秘解码

怪兽怪相的故事解读
怪兽部落见证

韩德复　编著

U0661576

中国出版集团
现代出版社

前言
reface

　　大千世界，无奇不有，怪事迭起，奥妙无穷，神秘莫测，许许多多难解的奥秘简直不可思议，使我们对这个世界捉摸不透。走进奥秘世界，就如走进迷宫！

　　奥秘就是尚未被我们发现和认识的秘密。它总是如影随形的陪伴着我们，它总是深奥神秘的吸引着我们。只要你去发现它、认识它，你就会进入一个新的时空，使你生活在无限神奇的自由天地里。

　　在一切认知与选择的行动中，我们总是不断地接触到更大的境界，但是这境界却常常保持着神秘的特点。这奥秘之魅力就像太阳一般，在它的光照下我们才能看见一切事物，但我们的注意力却不在于阳光。

　　奥秘世界迷雾重重，我们认识这个熟悉而又陌生的世界，发现其背后隐藏着假象与真知，箴言和欺骗，探寻奥秘世界的真相，我们就会在思考与探索中走向未来。

　　其实，世界的丰富多彩与无限魅力就在于那许许多多的难解的奥秘，使我们不得不密切关注和发出疑问。我们总是不断地去认识它、探索它。今天的科学技术日新月异，已经达到了很高的程度，尽管如此，对于那些无数的奥秘谜团还是难以圆满解答。

古今中外许许多多的科学先驱不断奋斗，一个个奥秘不断解开，并推进了科学技术的发展，随即又发现了许多新的奥秘现象，又不得不向新的问题发起挑战。这正如达尔文所说："我们认识世界的固有规律越多，这种奇妙对于我们就更加不可思议。"科学技术不断发展，人类探索永无止境，解决旧问题，探索新领域，这就是人类一步一步发展的足迹。

为了激励广大读者认识大千世界的奥秘，普及科学知识，我们根据中外的最新研究成果，特别编辑了本套丛书，撷取自然、动物、植物、野人、怪兽、万物、考古、古墓、人类、恐龙等诸多未解之谜和科学探索成果，具有很强的系统性、科学性、前沿性和新奇性。

本套丛书知识面广、内容精炼、图文并茂，形象生动，非常适合广大读者阅读和收藏，其目的是使广大读者在兴味盎然地领略世界奥秘现象的同时，能够加深思考，启迪智慧，开阔视野，增加知识，能够正确了解和认识世界的奥秘，激发求知的欲望和探索的精神，激起热爱科学和追求科学的热情。

目录

Contents

目击怪兽

怪兽，就是奇怪的野兽。一般情况下，它们藏身在人迹罕至的地方。即便如此，人们还是在各种情况下，捕捉到了它们的踪迹。那么，它们长得是什么样子的？到底如何才能找到它们呢？

轰动一时的尼斯湖水怪

水怪目击事件

尼斯湖在英国苏格兰北部，迤逦的格兰特山脉从西南向东北绵延，层峦叠嶂，气势磅礴，主峰尼维斯山海拔1343米，是英伦三岛上的最高峰。从尼维斯山向东北到茵沃内斯市附近延伸着一条名满天下的苏格兰大峡谷，谷中有一连串细长而深的湖，从西向东的是：尼斯湖、洛奇湖和奥斯湖。

3个湖中以尼斯湖最大最深，它深约293米，长约39千米，平均宽度为1.6千米，最宽处约2.8千米。尼斯湖是淡水湖，终年不冻，适宜于生物饮用，因此，湖中鱼虾众多，水鸟翔集。优越的自然环境为怪兽的生存提供了有利条件，大名鼎鼎的尼斯湖水怪

就出现在这里；还有其他的洛奇湖水怪，奥斯湖水怪，实际上三者是同一个谜。

1802年，有一个农民在尼斯湖边劳动，突然看见湖中有一只形状很奇特的巨大怪兽出现，距离他只有45米左右。怪兽用短而粗的鳍脚划着水，气势汹汹地向他猛游过来，吓得他慌忙逃跑。

1880年初秋，一艘游艇正在湖上行驶，突然从湖底冲出一只巨大的怪兽。它全身黑色，脑袋呈三角形，脖子细长，在湖中像一条巨龙似地昂首掀浪前进，使湖面上卷起一阵巨浪；湖中的游艇随即被击沉，艇上游客无一幸免于难。这一消息轰动了当时的整个英国。

同年，潜水员邓肯·莫卡唐拉为了检查一艘失事船只的残骸而潜入尼斯湖底。他潜入湖底后不久，急忙狂乱地发出信号。人们迅速把他从湖底拖上岸来。他脸色发白，全身颤抖。休息和医治了几天，平静下来之后，他才把他在湖底看到的奇迹讲述了出来：正当他检查沉船的残骸时，突然看到湖底的一块岩石上躲着一只怪兽，远远望去好像一只巨大无比的青蛙坐在那里，形状十分可怕。

英国有一个名叫歌尔德的海军少校对此感到十分好奇。他访问调查过50个曾经亲眼见到过怪兽的人，将得到的各种材料加以综合研究和推测后，描述出了一个比较系统的怪兽的大概的模样：

怪物呈灰黑色，背上有两三个驼峰，身长约15米，颈长约1.2米。然而,他的推测并没有科学根据，只是一种假设。目前,仍然没人弄清楚它到底是一种什么样的动物。

英国与其他欧美许多国家陆续出版了一些书籍，专门介绍尼斯湖怪兽。有的印有怪兽模糊不清的彩色照片，有的附有怪物的插图。世界各地的媒体大肆渲染，把怪兽描绘得神出鬼没，奇异莫测，活灵活现，耸人听闻。但是不久之后，就再也没人见过所谓的怪兽了；相关的讨论也逐渐平息下来。

然而到了1933年，尼斯湖岸上的一些修路工人宣称看到了这个怪兽，约翰·麦凯夫妇和兽医学者格兰特也宣称见到了这个怪兽。格兰特后来说，有一次他经过尼斯湖边时，湖水突然翻腾，"哗哗"作响，然后他看见一只与别人所描述的非常相似的怪兽在湖面上游着。这只怪兽有很大的背脊，还有一个细长的脖子，既像个恐龙，又像一头大象，粗糙的皮肤上布满了皱纹。

英国曾专门组成了"尼斯湖现象调查协会"，悬赏100万英镑，不管怪兽是死的还是活的，只要将其捉拿，都可以得到奖赏。很多人纷纷跑到尼斯湖畔，怀着碰运气的心情日夜巡视，希望能幸运地捉住怪兽。

可是怪兽却长时间地销声匿迹，像有意戏弄人似的，消失得无影无踪，再也不露出湖面了。

那些原本希望获得100万英镑巨赏的人，不仅没有将怪兽抓获，甚至连怪兽的影子也未见着，只得失望地离开尼斯湖。

专家的研究

1972年，以美国应用科学院专家赖恩斯为首的一个研究组，曾利用水下照相机，在对尼斯湖进行探险时，拍下了一个鳍脚，

非常巨大。

　　1975年6月19日，研究组设置在尼斯湖的水下照相机拍下了几百张照片，但照片上什么也没有。一天，水下照相机附近出现了一个动物，但很快就消失了。由于照片中只出现了动物的极小一部分，人们无法看清楚它是什么。

　　大约一个小时后，这个动物又出现了，可能由于闪光灯无法同步，照片上拍摄到的，只是一大片有黄色斑点的丑陋皮肤，同样无法弄清楚这个动物的种类。

　　第二天凌晨4时32分，终于抢拍了一个珍贵的镜头，一只活怪兽的轮廓出现在这张照片上：一个菱状躯体，一个细长的脖子成拱形地伸展着，脖子的一部分因阴影而模糊不清。最后是一个斑点，躯体上端伸出两个鳍脚，看上去似乎是一只怪兽吃惊地扑向照相机。

　　据估计，这只怪兽大约长6.5米。不久，怪兽向水下照相机

发起了一系列的攻击和碰撞，结果把水下照相机打翻了。有些学者根据这张水下照片来证明尼斯湖里确实存在着怪兽。

但也有一些科学家认为赖恩斯等人错误地判断了照片，因而否定这些照片；有些学者甚至认为所谓水下照片是赖恩斯等人制造出来的一个骗局。

众多学者的猜测

长期以来，有不少学者对尼斯湖怪兽之谜持怀疑甚至完全否定的态度。他们认为，尼斯湖根本就没有什么怪兽，只是一种光的折射现象造成人们视觉上的错觉。

有的则认为，很有可能是尼斯湖底的一些具有浮力的浆沫石，在一定条件下浮上水面，随波漂荡。由于视觉的错误，当人们站在湖岸边从远处望去，奇形怪状的浆沫石就往往被误认为是怪兽。

英国《新科学家》杂志1982年8月5日发表了罗伯特·克雷格撰写的《揭开尼斯湖怪物之谜》一文。他认为根本不存在神秘的史前动物，只是漂浮在湖面上的古赤松树干。

这种树干的形体以及它上下沉浮的现象，就使站在湖岸边的人们远远望去把它误认为是怪兽。其实，一浮一沉的古赤松树干就是人们所谓的怪兽。但是，全世界许多著名的科学家仍坚信有一种至今尚未被人们查明的怪兽在尼斯湖中存在着。

他们认为，几亿年前，由于地壳运动频繁，尼斯湖一带从一片浩瀚的苍茫海洋，经历了多次海陆变迁，逐渐演变成今天的面貌。因此，很可能有一种独特的尚未被人类认识的海栖爬虫类远古动物至今仍然生活在尼斯湖里。

虽然各界人士为了弄清尼斯湖怪兽的真面目做了各种各样的努力，但是至目前为止，还没有一个人给出的答案能令大家满意。到底尼斯湖中有没有怪兽？如果有的话，它是一种什么样的生物？一切尚无准确而可信的结论。

尼斯湖水怪再度现身：2007年，英国约克郡一实验室技师说，他看到一个全身乌黑，长达13米的东西在水中迅速游动，时速达1000千米左右。有人认为，他看到的可能是尼斯湖水怪。

俄罗斯柯尔湖怪物

柯尔湖的传说

俄罗斯境内有一个名字叫"柯尔湖"的湖泊，位于哈萨克斯坦的南部。一个名叫安那托里·别切尔斯基的生物学家，曾经来到柯尔湖进行考察。

一个牧羊人告诉他，有一天，他正在柯尔湖边放羊，看到两个小伙子跑到湖里洗澡。两个小伙子刚跨进湖水里就惨叫了一声。他听见叫声跑过去一看，那两个小伙子早就消失得无影无踪了。他说："过了两天，我赶着羊群去湖边饮水。等我往回走的时候，发现少了两只羊，这湖里肯定有一个大怪物！"

安那托里·别切尔斯基听了，心想是一种什么怪物在湖里作怪呢？后来，安那托里·别切尔斯基还听当地人说，柯尔湖里还有一种奇怪的现象，不管是在旱季还是在雨季，湖里的水始终不多不少，总是一样，这又是怎么回事儿呢？

确定柯尔湖有怪物

1974年，安那托里·别切尔斯基带着儿子来到柯尔湖。有一天，他和儿子拿着猎枪和照相机在湖边刚刚拍了几张照片，突然，大量的飞鸟"呼"的一下从湖边飞起来直扑湖面，然后不停地用翅膀拍打着湖水。

它们一会儿惊叫着腾空飞起，一会儿又在同一处湖面上不停地盘旋，好像受到了什么惊吓，也好像发现湖水里有什么东西。可是，湖面上没有一点儿动静。安那托里·别切尔斯基和儿子面面相觑。这时，平滑如镜的湖面上突然泛起道道波纹。

接着，湖面上出现了一条水流，有15米左右那么长，它蜿蜒迂回慢慢地移动着，就好像在水下游动着一条巨蛇。这把他们给吓坏了！安那托里·别切尔斯基忽然想起了牧羊人给他讲的那些故事，便抓起猎枪。

过了几分钟，这条水流又慢慢地消失了，湖面上又恢复了平静。经历这件事以后，安那托里·别切尔斯基认为柯尔湖里边真的存在着一种动物。

不过，它到底是一种什么样的动物，是不是人们传说的那种怪物，还有待进一步考察。

在线小知识

1905年，两名英国伦敦动物学会的博物学家乘一艘考察船在巴西东北海岸发现一种海怪，其头和颈一样粗，直径与人的身体相当，头颈长2.8米，头似乌龟，以古怪的方式扭动头和脖子。

地狱入口的泰莱湖怪

神秘的泰莱湖

在非洲刚果和扎伊尔交界处，有一个风景秀丽的泰莱湖。它的四周被大片沼泽包围，形成了一个与世隔绝的独立王国。那儿人迹罕见，笼罩着浓郁的神秘气息。

谁也不知道泰莱湖的真面目，但很久以来，在附近的居民中一直盛传，有一种硕大无比的无名怪兽，平时活动在人烟罕见的湖沼腹地，隐形遁迹，行踪诡秘。

当地人称泰莱湖为"地狱的入口"，因为传说7000万年前从地球上消失的恐龙又在此出现。

怪物目击事件

1980年5月，一位名叫埃古尼的村民，曾经亲眼见到湖沼中有一头巨大的黑色怪物在猛烈翻动，周身闪现出一道淡色的光环，犹如彩虹贯空，所以当地人把它称为"莫凯朗邦贝"，土语中的意思就是"虹"。

同年的又一个夜晚，有个名叫匹斯卡尔的渔民在埃德扎马河一带捕鱼，突然，他看到一只巨大的怪兽，正在湖岸边吞食植物。慌乱之中，匹斯卡尔发出了一点响声，被怪兽发觉。这时，只听见它发出一阵尖厉的嚎叫，立即返身向湖中逃去，一路上磕磕碰碰，居然把碗口粗的树撞倒了好几棵。

第一次科学考察

泰莱湖怪物的传闻引起世界上许多科学家的兴趣。他们认为，传说中描绘的湖怪，很像早已灭绝的恐龙。难道当今世界上还有恐龙生存吗？

为了解开这千古之谜，法国立即组成一支科学考察队，首次进入刚果的原始森林沼泽区，希望得到活恐龙存在的确凿证据。但是，几年过去了，这支考察队没有一名成员从沼泽中生还归来。

第二次科学考察

法国探险队的遇难，并没有动摇科学家勇于探索的决心。1981年，美国黑人科学家雷吉斯特兹，开始第二次刚果之行。他

聘请芝加哥大学生物教授路易·马查尔作为顾问，组成一支精干的考察队，他的妻子卡·凡都森也成为一名考察队员。

他们在泰莱湖等了6个星期，5次看见这个传闻中的湖怪，6次听到它的鸣声，拍了照，录了音，还找到一些较完整的恐龙骨骼。艰苦的野外生活使他们的身体很虚弱，因此不得不提早踏上归程。

雷吉斯特兹回来后，作了36小时的详细考察报告，并将报告寄给刚果政府，引起了科学部门的高度重视。

又一次科学考察

1983年，刚果组织了一支国家考察队，由阿格纳加和马赛宁为队长。他们3月份动身，沿着雷吉斯特兹的路线进发，历尽千辛万苦，于4月22日到达泰莱湖。

5月2日是刚果考察队难忘的日子。那一天，他们刚进入森林地带，向导吉恩·查理不小心跌入水池。这时，大家正忙于拍摄一群当空掠过的天鹅，谁也没注意。直至5分钟后，才听见查理的大声呼喊："快来！快来！"

开始同伴还以为他遇到危险，赶紧朝查理奔去，只见激动万分的查理用手指着左前方。万赛宁顺势望去，天哪！300米外的湖面上半浮着一个奇异的长颈怪物。它的背部相当宽阔，头很小，"莫凯朗邦贝！"队长禁不住叫出声来，几乎不敢相信自己的眼睛。也许是太兴奋了，他的双手在发抖，浑身不住地战栗，连摄影机的光圈焦距都无法调准。但他最后还是屏住呼吸，一口气把摄影机中所剩的胶卷全部拍得干干净净。接着，马赛宁赶紧坐上独木舟，向怪物悄悄划去，当双方距离60米时，马赛宁清楚地看到，怪物的小脑袋正在东张西望，随后便沉入水底，消失得无影无踪。

湖怪是恐龙吗

通过实地考察，科学家发现的怪物形象很相似。美国雷吉斯特兹说："它有3米长的脖子，头小，背长约4.5米，整个身体长度9米至12米，皮肤灰色而有光泽，似乎有尾巴。"

刚果考察队的马赛宁则说："它的头很小，有奇特的长颈，背部很宽，露出水面的部分有4米长，额头棕褐色，肤色黑亮，身上无毛，在阳光下闪闪发光。"如此相似的描述，可见他们发现的怪物是同一种动物。

科学家还对怪物的录音进行了仔细分析，发现它的声音与非洲大型动物的声音完全不同。这声音有两大特征，一是清晰的"砰砰"声，另一个是特有的高频声，听起来就像穿过树林中的劲风吹刮声那样，而且越往后声音越强。有个名叫大卫·威泊尔的古生物学家，听到这个录音后说："在我以前听到过的所有动物叫声中，从没有过这样的吼叫声和'砰砰'声，如果那不是恐龙的叫声，至少是一种尚未发现的新动物。"

雷吉斯特兹在考察中还带回另一个重要证据，就是一些恐龙头骨、脊椎骨的骨架和很完整的大腿骨。根据碳－14同位素测定，头骨形成的年代仅10万年左右，这证明10万年以前泰莱湖地区还有恐龙存在，这对于7000万年前恐龙已灭绝的理论，是一个强烈的冲击。

当然，最有说服力的证据是那段长达20分钟的录像片，还有许多就地拍摄的照片。许多事实似乎已经证实，泰莱湖地区确实有活恐龙，但它是哪一种恐龙呢？雷吉斯特兹考察队的生物顾问马查尔教授曾对几十名看见过湖怪的当地人进行询问。他拿出许多动物照片，包括世界上所有的大动物，其中再混入一张雷龙的复原图照片，让他们辨认。几乎所有人都认为，雷龙的图片最像湖怪。

关于世界上有没有活恐龙的问题，还有许多谨慎的科学家表示怀疑。他们说，眼下所有的证据，还不能完全说明泰莱湖有活恐龙，除非拿出更加充分的证据。但是，仅凭这些证据还不能足以证明泰莱湖确有活恐龙存在。

关于怪兽的说法，在俾格米人中已经流传百年之久。法国传教士博纳旺蒂尔·普罗雅在他的游记中写道，他见过那怪兽又大又圆的足迹。如果是确实的话，泰莱湖的怪兽很可能是蜥脚类恐龙。

美国尚普兰湖怪

湖怪疑踪

"尚普兰湖怪"是美国版尼斯湖怪。多年来，一直有人声称曾目击湖怪出现，结果造就了一个旅游景点，但当局从未找到湖怪存在的证据。

尚普兰湖是北美洲淡水湖，位于美国纽约州、佛蒙特州和加拿大魁北克省之间，主要位于美国境内，但有一部分跨越了美国与加拿大的边界。

尚普兰湖长近200多千米，宽20多千米，面积1100平方千米，最大深度122米。位于佛蒙特州的绿山山脉与纽约州的阿第伦达克山脉之间的尚普兰河谷中，往北经由里舍卢河在蒙特利尔附近注入圣劳伦斯河。通过尚普兰博格运河与哈得孙河相连，借

黎塞留河北流与圣劳伦斯河相通。

就在英国古生物学家称苏格兰"尼斯湖怪"是马戏团大象而引起英国上下争论不休之际，美国两位渔民宣称他们发现了有"北美尼斯湖怪"之称的"尚普兰湖怪"。

2005年8月，据美国一家地方媒体报道，有一种"看起来似乎是类似短吻鳄的动物的头浮出水面。"还指出，尚普兰湖怪传说最早可能源自1609年。当时，法国探险家塞缪尔·尚普兰描述了一种美洲原住民发现的湖中怪物。他说这种生物足足有13米长。他本人曾亲眼看到一些约1.5米长、有大腿粗的动物。

尚普兰指出，这种动物类似北美狗鱼，只不过口鼻部超长，牙齿更尖利，这肯定是类似短吻鳄的特征。尚普兰的描述似乎与原住民看到的怪物特征相吻合，这种吻合其实是传达了这样一种信息：尚普兰几乎肯定是在描述长鼻雀鳝。长鼻雀鳝是硬鳞鱼亚纲的一种，硬鳞鱼亚纲还包括鲟鱼和其他鱼类。在本次事件之

前，就已经有许多目击者宣称看见了传说中的尚普兰湖怪。

据称尚普兰湖怪如同变色龙，皮肤能变成黑色、灰色、褐色、绿色、红铜色等，长度在3米至57米之间，背上有多个类似驼峰的隆起或盘卷，头上长着角和鬃毛，眼睛闪闪发光，其颚同短吻鳄的几乎一样。

科学推论

科学家认为，尚普兰湖怪根本就没有湖怪，目击者看到的只是鲟鱼等一些体型庞大的鱼类或其它海洋动物，比如，游泳时一字排开的水獭从远处看上去它游动起来就如同一个蜿蜒行进的怪物，不时泛起水波。另外，科学家还认为所谓的湖怪只是浮木、长颈鸟或者其他物体。

科学家还说，尽管许多人认为尚普兰湖可能隐藏着恐龙时期的怪物，但这种可能性微乎其微，因为这条湖的形成历史只有1万年左右。

此外，单个生物不可能活好几个世纪，也不能靠自己的力量繁殖后代，所以湖中就必须有这一物种的繁殖种群，只有这样才能生存下去。

即使湖中深处有蛇颈龙、械齿鲸或其它海中怪兽，但随着时间流逝，人们肯定会在海滩上看到它们的尸骸，或发现其存在的线索，可事实上一直没有。

事件后续

尽管科学家的解释十分详尽，但事件目击者仍坚持称他们确实看到了怪物。根据渔民的描述，怪物几乎有他大腿粗，不过另一位目击渔民承认他们两人都未看到所谓怪物的整个身躯，只是估计约有3米至4.5米。还有一部分人对他们的说法仍表质疑。虽然他们的说法无法得到完全证实，但他们对湖怪的描述又为湖怪之谜增添了新的解释。

美国著名的《超常现象》调查专家曾前往尚普兰湖进行过考察，期间他对一位渔民进行了采访。该渔民宣称他看到一位朋友钓上了一条长鼻雀鳝，并坚持称怪物约有两米长。渔民称这条长鼻雀鳝是真正的"尚普兰湖怪"。

在线小知识

雀鳝是雀鳝属的大型鱼类的统称，产于北美或中美。主要栖于淡水，但有的种可降入半咸水甚至咸水。其有锐利牙齿，是大型凶猛鱼类，肉食性，背鳍靠后，尾鳍圆形，最长的估计约至6米。

美国怀特河怪兽

怀特河出现怪物

20世纪70年代前，在美国阿肯色州东部的新港怀特河里，偶尔会出现一只怪物。当怪物出现时，会卷起奇特的水浪，并且露面时间不太长。

有一位目击者叫布兰布利特·贝特曼，因为当时他距离怪物有约100多米远，所以无法辨别出那个怪物的全长或者整个体积大小，只估计大约有3.6米长、1.2米至1.5米宽。

他当时无法看清怪物的头部和尾部，怪物在原地待了5分钟。后来布兰布利特·贝特曼还曾见过怪物在怀特河里上下游动，他在第一次目击水怪的那天，美国杰克逊县副治安长官里德与他在一起。

他们先是看见河面有很多泡沫构成一个圆圈，其直径大约有9米长。然后看见更远一些的河里有一只怪物冒出水面。在里德看来，那个怪物很像一只巨大的鲟鱼或鲇鱼。两分钟后，怪物又沉入水下。

1971年6月，一位目击者叙述说看见一只像火车车厢那么大的动物在水里乱扭乱动。

另外一名目击者在1971年6月28日拍摄了一张不是很清晰的照片，上面显示水面上浮着一个巨大的物体。这位目击者同时还描述了怪物的叫声，好像混合了牛鸣和马嘶。

科学家的见解

在几起案例中，目击者描述怪物前额上有突出的骨头。科学家奥利·理查森和乔伊·杜普利在怀特河岛上发现有巨大的脚印，有的面向怀特河，有的背向怀特河。每一个3趾的脚印都有4.2米长、2.4米宽，并有很大的肉掌垫，还有带骨刺的一个脚趾。

从弯曲的树木和被压倒的植物等现场来看，有一只巨大的动物曾经在岛上行走过，甚至卧倒在那里。

生物学家罗伊·麦克尔认为，这种冒出水面的怪兽其实就是一只巨大的雄性海象，它脱离了正常的生存环境，没有被不熟悉它的观察者识别出来。

海怪究竟是什么动物，还有待进一步发现和考证。

1848年8月6日，一艘名叫"黛德拉斯号"的船的船长和6名船员都目睹一巨大海怪。此海怪头和肩部有1.2米，总露在水面，头后部直径约0.4米，像条蛇，游泳速度每小时达20千米左右。

21

德克萨斯沃斯湖怪兽

不断出现的两足怪物

1969年，一种长有毛发的两足怪物在北美德克萨斯州的沃斯湖附近不断出现，这引起了得克萨斯州福斯·沃斯城居民的恐慌。好几个目击者说湖里的那巨大生物，大概有1.83米高，长着白色的头，散发着非常强烈难闻的气味。

多次目击怪兽出现

一天午夜，福斯沃斯城居民赖卡特夫妇和另外两对夫妻一起遇到了这个怪物。当时，他们正在沃斯湖岸边夜宿；一只巨大的

动物从树上跳落在他们汽车顶上。那只动物身上长有鳞、毛发，外形像人又像山羊。

第二天，警方在他们受损汽车的一侧发现一个巨大的划痕，看起来很像是某种动物的抓痕。几天后，杰克·哈里斯正沿着通往沃斯湖自然中心的唯一路上驱车前行，这时他看到一只动物在他面前穿了过去，爬上一段山崖然后又爬下来，当时就有三四十人看到了它。不久，匆匆赶来的警察们也看到了这令人难以置信的一幕。

当一些围观者们试图靠近这个动物时，它向他们掷来一个废轮胎，目击者们连忙逃回了车上，而这只动物则逃向灌木丛中。人们随后发现了血迹和0.15米长的脚印，但是只拍到了一张怪兽的照片。

怪兽的袭击

最后一位目击者是查尔斯·巴坎南。他正在卡车后厢里打盹儿，突然有什么东西把他举起来。巴坎南抓住一条装有鸡肉的袋子向怪物掷去，而这头怪物则一口将其吞进肚中，然后一下跃入湖中向格里亚岛游走了。沃斯湖的神秘怪兽神出鬼没，最终使人们无法揭开它的真面目。

怪兽似乎总是在人们不经意间出现在人们的视野内，使人们猝不及防。但它们伤害人类的确凿证据并没有被发现。这就使人们怀疑怪兽出现的目的，或者说存在的真实性。

英国大猫目击事件

英国成立大猫会

在英国，从苏格兰到英格兰的荒郊和乡村，经常有一种英国本土没有出现过的大型猫科动物在游荡着。这就是传说中的英国大猫。人们基本上已经肯定的是确有一种大型猫科动物出现在英伦两岛，因为目击大猫的人实在太多了，2002年有千宗目击事件发生，2003年更是数不胜数，其中大部分都发生在苏格兰。

有关证据在不断地积累。1988年，一个目击者拍摄到了大猫出没在荒野的照片。为此，英国民间还成立"英国大猫会"，监察和收集目击资料，宗旨是找它们出来并保住它们。

动物专家的结论

2003年1月的一天，英国威尔士警察局连续接到几个报警电话，说一头黑色的、狮子一般的怪兽袭击村庄，造成多只动物受伤。

62岁的迈克·谢博德是受害者之一。他描述了当时的情景："我发现狗不见了，于是出门去找，在院子中发现小狗躺在地上，喉咙被咬破了。一头长得很像猫的黑色怪兽正站在一旁，嘴上滴着血，在旁边有一头怪兽，不过看起来小得多了。怪兽也看见了我，冲着我吼叫，我赶紧跑回屋里。"

谢博德还形容说："我不知道它是不是猫，看上去很像，但是它要大得多。它的毛是黑色的，油光锃亮。"

警察赶来后，在村庄中四处搜寻，其中一名警察看到了那头怪兽，开枪没打中，怪兽逃到山里去了。据这名警察估计，这头怪兽从头到尾巴的长度在2.7米至3米之间。

至于那不时出现在英国郊区的大型猫科野兽，当年8月被康沃尔居民拍得它徘徊田野的照片。当地动物园专家验证照片后，对英国广播公司表示，尽管无法鉴定大猫身份，但肯定是只不属于该地域的野兽。

英国大猫的可能来源

20世纪60年代以来，英国有钱的人家流行圈养来自非洲的大型猫科动物当宠物。

1976年，英国政府通过了危险野兽法，提出了新政策，勒令饲养野兽宠物的人家，要么付巨款领照牌，要么把野兽宠物放到动物园，或者人道毁灭。

当时不少宠物主人索性就把这些宠物放到野外。几十年来，

这些动物在树林中繁殖生息，和英国本地的动物杂交，生出了原本没见过的奇怪品种。于是，有专家认为大猫大概就是这么来的。

伦敦动物园的专家曾经研究过据说是大猫留下的脚印，结论是这种脚印绝对不是英国本土已知的任何动物留下的，也不是动物园里的猎豹、美洲狮、美洲虎等留下的。

英国政府曾经动用皇家海军陆战队和警察队伍来抓这种怪兽，但均无功而返。踪迹如此隐蔽，长相如此怪异，英国的大猫

到底是一种什么样的动物？它有怎么样复杂的血缘来源？这些问题的答案有待人们进一步发现和研究。

科学家通过研究发现，大猫跟其他隐秘动物不同的地方是，人们在其出没地方发现不少被咬死动物尸体，包括豹、猞猁、山猫和一种非洲猞猁狞猫。这说明大猫是一种极其凶猛的动物。

在线小知识

27

法国热沃丹怪兽

食人狼现身

1764年初夏的一天，法国东南部的一个紧邻森林的农庄，一个年轻女子正在照料奶牛，猛一抬头，忽然看到一头可怕的野兽向她扑来。它的大小与一头牛或一头驴差不多，但看起来却像一只巨大的狼。后来，那些牛用它们的角把这只动物赶跑了。这只动物就是著名的食人狼。后来的事实证明，这个牧牛女比起后来绝大多数目击者要幸运得多。

杀戮不断发生

事发不久，被咬得遍体鳞伤的牧人、妇女甚至儿童的尸体在这个地区就经常被发现了。第一个牺牲者是一个小女孩，被人们发现时，她的心脏已被从胸膛中掏出来了。

从8月下旬开始，杀戮又开始了。不久这动物就开始敢于攻击成群的男人了。乡间开始流传着一个恐怖的说法，一个狼人正在旷野间游荡。有些曾开枪射它或用东西刺它的人说，这些对它来说似乎不起作用。10月8日，两名猎人把数粒子弹射进它的躯体，这头野兽还是一瘸一拐地逃走了。

事件传开后，人们认为这头野兽逃走后，也一定活不了。但一两天之后，杀戮又开始了。顿时，法国这一地区的村民又处在紧张与恐慌的状态中。

目击者的报告

1764年末，巴黎《加莱特报》把所有目击者的报告汇总在一起，描绘出这头野兽的样子：

比狼要高出许多，脚上长着锋利的爪子，头发是红的，头很大，嘴巴的形状像狼狗，耳朵小而直。胸部宽阔呈灰色，背上有黑色条纹，血盆大口里长着尖尖的利齿。

野兽不畏武力

有一次，两个孩子惨遭这头动物的毒手，尽管当时一些年龄稍大些的年轻人，用草叉和刀子同它进行了殊死搏斗，但这两个孩子还是被撕咬至死。于是人们向凡尔赛王室求助。法国国王路易十四派出了一支骑兵部队，领导者是杜哈梅上尉。杜哈梅让他的一些属下扮成妇女，认为这只动物特别喜欢接近女性。士兵们

有许多次看到这只动物并举枪射击，但它总能设法逃脱。最后，这只动物的攻击杀戮似乎已停止了。杜哈梅猜想它可能已因伤致死。

然而，在他与部下离开后，血腥的屠杀又开始了。在击毙这头动物的巨额赏金的激励下，一些专业猎人和士兵来到这个地区。尽管杀死了100多只狼，但这只动物却施暴依旧。

几个月后，这个地区所有的村民都准备欲迁其他地方，有的已经付诸了行动。因为居民们称他们曾看到这只动物隔着窗户盯着他们，那些冒险走到街上的人也遭到攻击。许多农民被这只动物吓呆了，他们甚至还没装子弹就扣动扳机。

危机终于结束

1767年的6月，这场危机终于结束了。家住热沃丹西部的马奎斯·德·阿普彻率领着几百个猎人与追踪者来到了这里，并分成若干小组成扇形分布于村野。

19日晚上，一个小组终于碰上了这只动物。琼·查斯特向它开了两枪。因为传言它是一只狼人，所以查斯特的枪里装的是银子弹。第二枪正好击中它的心脏使之毙命。切开它的肚皮，在它的胃里发现了一个小女孩的锁骨。到它死时，这只动物已杀害了大约60条性命。

此恶已除，全民称快。这只凶暴动物的尸体在当地被游行示众了两个星期，然后被送往凡尔赛。但由于尸体腐烂严重，在运抵王宫前，就不得不将它埋在郊外的荒野中了。

对怪兽的猜测

对于狼攻击人的说法，许多现代野生动物专家对此提出质疑，他们认为这种动物总是试图远离人类。然而到处都有食人狼的报告，并且可信度较高，特别是在枪被发明之前。有人指出现在的狼在经历了许多代火器的经验后，比它们的祖先对此就更加小心了。

热沃丹之兽的故事显示了动物的一种非常行动。这个动物奇异的外形不由使人怀疑它是否真是一头狼。

如果不是，那它又是什么生物？又有观点说，或许它是一个凶猛而未知的新生物种类，只不过外形酷似狼而已。

狼过着群居生活，一般7只为一群，每一只都要为群体的繁荣与发展承担一份责任。狼与狼之间的默契配合成为狼成功的决定性因素。不管做任何事情，它们总能依靠团体的力量去完成。

在线小知识

巴拿马蒙托克怪兽

发现蒙托克怪兽

蒙托克怪兽是在美国纽约长岛蒙托克地区发现的。蒙托克怪兽浑身没有毛发，一身皮厚实而光滑，嘴的形状看起来像鸟喙，牙齿非常尖锐。

2008年7月12日，美国纽约长岛蒙托克地区的海滩上惊现一只像拔光了毛的死狗一样的怪物，人们将他称之为"蒙托克怪兽"。

不过，这只蒙托克怪兽与纽约长岛的那只有很多不同。前者无毛、皮厚、长着长长的牙齿，看起来像个橡胶人；后者虽也没

有毛发，但却长着一张尖利的喙。

最初，很多网民怀疑这张照片经过了人为加工，但陆续有不少目击者站出来证明确有其事。在海滩饭店当侍者的米汉说，他也看到了这个动物的尸体。当时有人给动物管理部门打了电话，但在工作人员赶来之前，有一个身份不明的老汉推着车把这个尸体运走了。

从世界各国网民的反应看，靠谱一些的说法称，这恐怕是一只拔光了毛的地懒，一种生活在数千年前的业已灭绝了的动物，是现代树懒的近亲；还有人称，从怪物的爪子看，这可能又是一只无毛死狗。不过也有相当一部分的网民认为，这怪物模样怪异，实在不像是地球生物，可能是外星人造访地球时来不及带走的外星宠物。

形态特征

此怪物有细长无毛的尾巴，后肢呈青白色，粗短强壮，前肢掌部辐射细长指状物体，右前肢有布带状东西缠绕。胸腔下方有一深色暗痕，疑似旧疮。

尸体皮肤风干发皱，颈项至臀背皮肤紫黑色面积超过85%，像是被殴打过，侧鬓延伸至脖颈有毛发，毛发中有两颗疑似肿瘤物体，嘴成鸟喙状，牙齿尖锐呈锯齿状结构，眉弓处有凸起物，呈平线方向，疑似耳朵，目呈半开半阖状，呈混沌状。

外界的评论

这具怪兽尸体是由22岁的年轻人柯林戴维斯发现的。他声称还留有证物。柯林戴维斯表示他有一袋骨头和头骨。有人猜怪兽尸体其实是去壳的大海龟，也有人猜它是大型的啮齿类动物，有人从它的牙齿研判，猜它是狗或是浣熊。当地的动物中心也没有明确解释。民众对它像什么也有各种答案。

美国各大网络社区和博客上关于蒙托克怪兽的讨论非常热烈。有人说这是剥了皮的浣熊，有人说这是去掉壳的海龟，还有人认为这是美军恐怖的生化试验造成的异形。目前，获得支持最多的猜想是死狗论，看上去像鸟嘴的那部分可能是它的鼻腔。

巴拿马海滩的蒙托克

2009年9月17日一则报道称：近日一张令人毛骨悚然的怪兽图片风行网络。据悉，一群在巴拿马海边玩耍的孩子撞见这只恶心的生物后大惊失色，遂将它打死抛下悬崖。

报道称，这些孩子14日在巴拿马南部巴拿马市海边玩耍时发现了一个岩洞，于是他们想爬进去一探究竟。据他们讲，刚一爬进洞口，这只像用橡胶做成的无毛怪物就冲他们奔了过来。为了自卫，孩子们就拿随身带着的棍子将怪物乱棍打死，扔到了悬崖下的一个水坑里。

缓过劲来后，孩子们又返回原处，拍摄了几张怪物的照片，并报告了当地警察局。照片传上网后，网友热议这可能又是一种人类未知的"蒙托克怪兽"。

据生物学家分析，长岛的蒙托克怪兽实为一具腐烂的浣熊尸体。尸体在水中长时间浸泡导致身体毛发脱落，但尸体上依旧能够发现留有少量毛发。

怪兽怪相

　　怪兽的长相一般都比较奇特、难看，其形状远远超出我们的想象，它们有的身如海星、有的如绿毛怪物，还有的像想象中的神秘海妖，等等，虽然如此恐怖，人们还是想一睹它们的庐山真面目。

缅甸海星状怪兽

遇见怪兽

在缅甸的东部高原上的景栋市附近，有一个小村庄。这里发生了一件奇怪的事。

1966年秋季的一天，有一名叫吴门的村民同另外5个人到山里去砍柴。出去没有多长时间，他就上气不接下气地跑了回来，结结巴巴地说："不好了，山上出现了怪物，把人给咬伤了！"话还没说完他就昏了过去。

经过医生检查，他身上没有发现什么地方受到伤害，诊断为惊恐过度导致休克。村长知道这一天上山去的一共有6个人，可只有他一个人回来，马上意识到山上可能发生了什么意外的事情，立即组织几名身强力壮的年轻人，带上猎枪及各种武器向山里奔去。

营救村民

村长他们找到这6个人伐木的地方，发现有两个人倒在了血泊里，身上的伤口还在不断地往外冒鲜血。

村长留下两个人

38

抢救受伤的人，又带着其他人顺着血迹到森林里去寻找另外几个人。这时，森林里不断传出叫喊声，他们快步赶到出事地点一看，那三个村民正同一个长得极像海星的怪物进行着搏斗。

这个样子像海星的怪物，身体的直径大约有一米长，周围长着5个像海星一样的角，每个角上都有口，口里长着獠牙，并且还长着4只脚，全身被黑毛覆盖着。谁也不知道这个怪物是什么东西，那样子真叫人毛骨悚然。

那三个正在同怪物搏斗的村民，身上已经被咬出了不少伤口，眼看就要支持不住了。要不是村长带着人及时赶到，恐怕也要死于非命了。

村长一声令下，大刀、长矛、猎枪齐上。可那个怪物视若无物，用它那4只脚迅速地走来走去，见到人就从口中吐出细丝。

这是一种不同寻常的丝，人只要一沾到它，全身就像触电一样麻木了，再也无法行动。

村长见势不妙，忙吩咐带枪的人集中火力，射击怪物的脚，一阵枪声之后，怪物的两只脚被打断了，身体有些失去平衡。但那怪物稍作休息之后，迅速溜得无影无踪。村民们见状，都惊得目瞪口呆。

村民获救

过了好久，听到受伤的村民的呻吟声时，大家这才回过神来，赶紧七手八脚把他们抬回村里。经过诊治他们都脱离了危险，不过一遇到天气变坏时，他们全身的关节就会隐隐作痛，怎

么治也治不好。

自从发生了那件事之后，村民们再也不敢到森林里去伐木了，纷纷到城里谋生。

消息传出后，引起了美国一些动物学家的注意，有些人曾到出事地点进行考察，结果一无所获。

南美洲森林里曾流传着大蚯蚓传说，这是一种大型蚓螈亚种，外形像蚯蚓的两栖动物。据称，大蚯蚓能够钻入地下，很有可能是恐龙时期存活至今的变种。

吸血怪兽卓柏卡布拉

吸血的怪物

1995年至2000年，这种名叫卓柏卡布拉的神秘动物，在美国波多黎各、智利四处游走，它诡秘的行踪引起了人们的纷纷议论和猜疑，因为目前还没人看过它的外形，所以引起了人们对其起源的种种猜想。

有人猜测它身高0.9米至1.2米，沿着背部向下的脊柱柔软灵活，眼睛细长呈红色，具有尖利的牙齿。有人甚至说它还长着翅膀，这些都是目击者们对这种奇怪的似乎未知的怪物的描述。

人们把它称作卓柏卡布拉，在西班牙语里，叫作吸血的怪物。这个神秘的怪物，行踪非常诡异，令人恐惧，以杀死家畜家禽，包括牛、羊、鸭子、猫咪而闻名。

怪兽的攻击事件

2000年，智利北部发生了一连串的卓柏卡布拉袭击事件，接连有200多只山羊、绵羊、鸭子和兔子离奇死亡，死因是失血而死。这些奇怪的袭击事件，还被认为是成群的野狗所为。

从这些受害动物身上，可以看到一个特征：典型的吸血怪异的伤口。让人们开始怀疑，是不是那个传说中的卓柏卡布拉凶手干的。据称，有些受害动物喉咙处已被切开，它们的血被吮吸殆尽。智利生态警察、保育调查员维克多、埃斯皮诺萨曾经采集过卓柏卡布拉的毛发样本和脚印压模以供研究，证明卓柏卡布拉与

马、牛、山羊、猪、猫类或野狗的爪印，完全不符合。这是哪种动物的脚印？

埃斯皮诺萨开始相信，传说中的卓柏卡布拉确实存在。

迈阿密不明怪物研究中心的维吉利亚桑切斯奥切霍博士说，从卓柏卡布拉的脚印，可以证明这个怪物是靠两条腿行走的，并且只袭击这个地区的热血动物，而不会去攻击蛇和蜥蜴的冷血动物。难道这怪物知道动物的体温吗？

像袋鼠怪兽驼背能跳能跑

叶尔布拉特·伊斯巴索夫是奥伦堡州的牧民。他的家畜曾受到怪兽的袭击。自从这种怪兽出现后，他就特别警觉，每天他都要花很长时间守在牧场周围，以保护家畜的安全。

一天，他的羊群里传出了山羊凄惨的叫声。他听后赶快向出事地点跑去。接近山羊的栅栏时，一只像袋鼠一样的动物闪电般的从栅栏里跳出，并消失在附近的森林里；他家的一只山羊已倒在血泊中。

几天后羊群再次遭到怪兽的袭击。这一次伊斯巴索夫看清怪兽的后背有个隆起，它后肢很发达，它能在羊圈里跳来跳去。怪

兽发现伊斯巴索夫后便迅速消失了，但羊圈的栅栏上却留下它一撮儿灰棕色的毛。伊斯巴索夫认为，怪兽的嗅觉很灵敏，它在很远处就能闻到人的气味，因此很难抓到它。

怪兽像传说中的吸血鬼一样

由于遭到怪兽袭击的家畜非常多，因此奥伦堡州部分牧民得以保留下一些家畜尸体作为证据。一位牧民说怪兽的作案手段非常像传说中的吸血鬼。怪兽只袭击家畜颈部动脉，并在其脖子上留下两个弹孔状的牙印，家畜体内的血液都没了，但其身上的肉却完好无损。

奥伦堡州的一些兽医也认为，这种怪兽属于吸血动物而非食肉野兽，因为食肉动物在攻击家畜时，咬家畜的各个部位，在其身上留下很多伤疤，而不会像这种怪兽那样只袭击其颈部。他们认为，当地出没的这种动物很像在美洲许多国家发现的吸血怪兽卓柏卡布拉。

怪兽出没留下的脚印

虽然这种怪兽行动敏捷，至今没有一只落网，但是奥伦堡州一位名叫德米特里·马季诺夫斯基的人还是拍到了它的脚印。马

季诺夫斯基表示，自从听说怪兽的消息后，他就非常想找到这种动物，于是便经常带着相机到人们所说的怪兽经常出没的地方去。有一次在奥伦堡州萨克马拉河上，马季诺夫斯基乘船来到岸边，他看到浅滩处有一大串奇特的脚印，便下船观察，并发现脚印很像人们所说的那种怪兽的脚印，就用相机拍了下来。

他说，从脚印深度看，怪兽大约有30千克至35千克重，脚印中间还有尾巴的痕迹，脚印之间的步幅大约为1米。

对怪兽传闻的解释

科学家科尔曼说："1995年，专家认为卓柏卡布拉其实就是两足动物，高1米，遍体短短的灰毛，背部有尖刺。"那么，对卓柏卡布拉最早的传闻又如何解释呢？科尔曼说，一种可能是波多黎各人在1995年夏天观看或听说一部恐怖片后，开始想象出各种可怕事物。另一种可能性是，所谓卓柏卡布拉其实是波多黎各岛上逃出来的大批猕猴，它们常用后腿站立。

科尔曼说："那个时候，波多黎各科学家用许多猕猴进行血液实验，后来有些猕猴从实验室逃了出去。卓柏卡布拉传闻或许就像猕猴一样简单，科学家总在不断发现新的动物。"

在线小知识

2005年，俄罗斯奥伦堡州许多农场饲养的家畜频繁失踪，人们在草丛中发现的尸体体内的血液一点儿没剩。居民反映，他们看见了残害家畜的凶手与美洲著名的吸血怪兽卓柏卡布拉相似。

美国短鼻鳄怪物

十分盛行的传说

短鼻鳄是一种大型爬行动物。它的鼻子有点圆，比一般鳄鱼的鼻子短一些。当短鼻鳄紧闭着嘴时，其牙齿不露出来。而一般鳄鱼却有两根巨大的长牙从紧闭的鳄嘴中伸出。短鼻鳄生活在从北卡罗来纳到佛罗里达这一地区的沼泽和河流里。

在人们的心目中，鳄鱼就是"恶鱼"。一提到鳄鱼，立刻会想到血盆大口，密布的尖利牙齿，全身坚硬的盔甲，时刻准备吃人的神态。人们感觉它的视觉、听觉，甚至它的外貌都是为了一个目的，就是吃所有的动物包括人的肉。

短鼻鳄除了吃鱼和其它的水生物，并不会伤害人类，但也不排除自卫时会对人类发起攻击。

20世纪60年代，一个传说在美国纽约十分盛行，那就是有一种短鼻鳄生活在城市下面的下水道系统内。

那么，这些短鼻鳄是怎样到下水道中来的呢？有人猜测说，或许这些短鼻鳄小时候是作为宠物被人养着，当它们的主人感到厌烦后，就把它们扔进马桶中冲走了。它们生存了下来并长成了庞然大物，以至于给在下水道里的工作人员造成了威胁。然而，纽约的市政官员们却否认有这种动物的存在。

大批短鼻鳄出现

尽管这个传说在20世纪60年代大行其道，但其基础却来自20

世纪30年代的一些真实的事件。

第一个事件发生于1932年6月28日，当时在布朗克斯河上发现了大批的短鼻鳄；岸边还发现了一条足有一米长的短鼻鳄死尸。

1935年3月和1937年6月，发现了活着的和死去的短鼻鳄。

杀死短鼻鳄事件

1935年2月10日，美国纽约哈莱姆河边，几个10多岁的男孩正往一个敞开着的下水道检修井口内铲雪，这时他们看到一个什么东西在3米多深的冰水中游动。

原来，一只短鼻鳄正试图从里面爬出来。这些孩子们找来一根绳子，结成一个绳套，将这只动物打捞到地面上。

当其中一个孩子准备将绳子从这只短鼻鳄的脖子上解下来时，它突然咬他。他们害怕被咬伤，于是就用铲子将它打死了。

孩子们把它的尸体拖到附近的一个汽车修理店，在这里称出它的体重，量出它的身长。它有60千克重，2.25

47

米长。这件事被告诉给警方，一个城市环卫工人把尸体带走烧掉了。

探究短鼻鳄存在

那时期纽约下水道系统的负责人特迪·梅经常听到工人们抱怨说遇到了短鼻鳄。起初，他认为这些报告只不过是那些工作时喝多了酒的人眼中的幻象，甚至他还雇了一些侦探去探视他的雇员们的生活习惯。

那些侦探们两手空空回来之后，梅决定下去探个究竟。于是他带了一只手电筒来到下水道，那些短鼻鳄们不久就出现在手电筒的光环里。

惊愕之余，梅下达命令，将这些动物全部毒死或射杀。人们不清楚这些动物是如何跑到那里边去的，尽管一般认为它们是被抛弃或逃跑的宠物。

短鼻鳄出现之谜

　　专门研究这些奇异动物的动物学专学洛伦·科尔曼说，从1843年至1983年，美国加拿大地区所看到或捕到活着的死去的这些动物共有百余只。

　　科尔曼认为所谓宠物逃跑的说法，不足以解释发现如此数量的短鼻鳄，因为当时所出售的宠物鳄鱼是大鳄鱼。而大鳄鱼生活在热带水域，不可能长期生存于北方寒冷的气候中。但是，事实是在人们意想不到的地方曾确实有短鼻鳄出现，遗憾的是这些短鼻鳄之谜，至今仍没有得到合理的破解。

　　鳄鱼不是鱼，属脊椎动物爬行虫纲，是祖龙现存唯一的后代。它入水能游，登陆能爬，体胖力大，被称为"爬虫类之王"。它以肺呼吸，具有长寿的特征。

密西西比河猿怪

北美猿存在的依据

在密西西比河谷及周围地区的密林中，曾有人目击大量猿类。奇异动物专家洛伦·科尔曼是此论点的拥护者。他把这些动物称为北美猿。

科尔曼持有这一观点基于来自西南部各州的关于"类似于猿，有头发、没有尾巴"的一种动物的报告。其中包括一些民间传说，例如，早期移民中曾流传说有一个猴子部落，它们居住在肯塔基州斯科特斯维尔附近山谷周围的森林里。

其他的证据包括20世纪以来在北美大陆的荒野上与大猩猩或黑猩猩相遇的报告。

存活的北美猿

很多人认为这些动物是从马戏团或动物园中跑出来的，但实际上这种逃跑事件是非常罕见的。

20世纪70年代，官方人员承认在佛罗里达州与得克萨斯州存在着少量的野生灵长类动物。但科尔曼相信北美猿却是另外一个物种。它们是某种古猿的后代，这种古猿大小与黑猩猩类似，在地球上分布广泛，据说于1万年前灭绝。

科尔曼认为，这种古猿在北美大陆存活了下来，并且它们还学会了游泳。从这些动物分布于密西西比河及其支流两岸来看，他觉得它们迁移的方式不只是徒步走到大河水系边的森林，还通

过游泳这种方式到达。

猩猩的脚印

各种各样的猜疑与解释铺天盖地涌来；科尔曼拿出了一些很好的例证，其中包括一个很重要的物证，即脚印。这些脚印看起来似乎是黑猩猩或大猩猩留下的。

科尔曼之所以对这些脚印感兴趣，是因为他自己就曾于1962年春在伊利诺伊州迪凯特附近的一条干涸的小河床上，发现过这样一个脚印。类似的脚印在佛罗里达州、亚拉巴马州以及俄克拉荷马州都曾被发现过。

科尔曼被质疑

对于科尔曼这种相当不正统的理论，人们毁誉参半。绝大多数人类学家与灵长类动物学家对此理论不屑一顾。

有关专家指出，如果北美猿作为一种存在的物种，那么在北美洲地区应当挖掘出像北美猿这样大型哺乳动物的骨骼化石。在北美洲这片土地上，科学家们曾挖掘出恐龙骨骼、猛犸、甚至微

小的海洋甲壳类动物化石，但是却从未发现过关于北美猿的骨骼和一些化石。

他们认为，迄今为止，北美洲尚未发现任何适合北美猿相关描述的骨骼化石记录。这一点可以证明北美洲并不存在野人。专家指出，撇开古生物学不考虑，如果现今北美猿仍存在着，那么它必须死亡后就立即消失。因为到目前尚未发现北美猿的骨骼证据，也未发现它们的毛发样本，更没有任何活着的或死亡的北美猿尸体。

北美猿存在理论的支持者们声称，在华盛顿州贝林翰地区曾发现过北美猿的踪迹，由于尸体酸化，骨骼便很快分解了。

专家指出，这是不负责的说法，因为人们从未发现过北美猿尸体，之前一些虚假报道称除夏威夷岛之外，在美国其他各地区均发现过北美猿的踪迹，但这些报道却没有令人信服的依据，因为他们从来没有发现过北美猿的尸体残骸。

有关人士认为，哺乳动物在全球范围内尽管相对数量不多，

但是黑猩猩的数量仍十分可观，并得以持续繁殖。

如果北美猿属于动物学范畴，那么它们必须存在一定的数量。如果这一物种数量达到一定规模，甚至能够进入人们的视野范围，那么在北美洲地区至少应当存在数万只北美猿。

专家置疑说，只要稍微想一下就会明白：数万只北美猿生活、呼吸，每天进行着自己的生活，那为什么我们找不到它们的踪迹呢？为什么汽车路过丛林时不会发现它们呢？

虽然质疑的声音很多，但爱荷州立大学的罗德里克·斯普莱格却对科尔曼的努力予以赞赏；当然他也指出，科尔曼关于现代古猿的学说没有任何化石加以佐证。罗德里克认为，古猿化石的被发现是一个薄弱的环节，否则关于在北美地区存在猿类动物的论点将会具有足够的说服力。

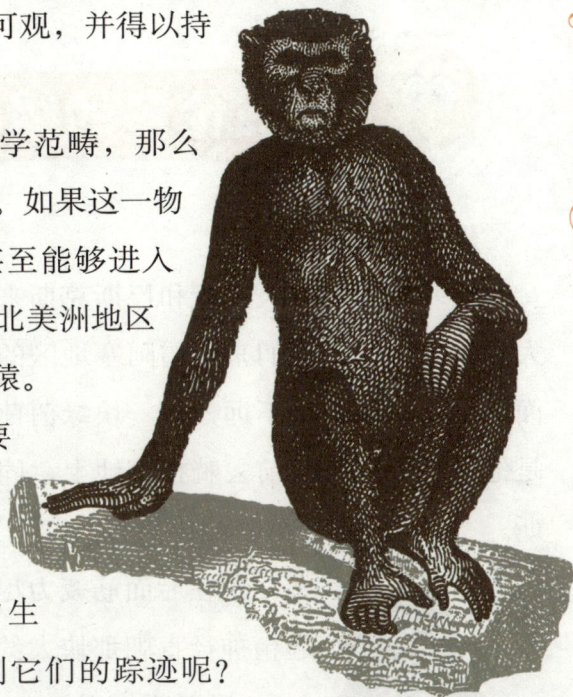

在线小知识

美国耶鲁大学人类学系的萨吉斯提供了一张根据化石绘制的图片。他认为该化石可以检验有关灵长类动物起源的推测是否正确。这是一具初期灵长类动物的骨骼化石，有大约5600万年历史。

陶兹伦多的绿毛怪物

绿毛怪物伤人

1897年，美国人汉斯和巴斯克斯来到西班牙，直奔陶兹伦多大森林。这天，他们来到雷阿塞地区的一条山涧溪水旁。走在前面的巴斯克斯望见不远处有一块绿茵茵的青草地，开心极了。于是他一个箭步跨上前去躺在草地上，同时回头招呼走在身后的汉斯。

走在后面筋疲力尽的汉斯抬眼望去，不禁打起精神径直朝那块大约三四平方米的大绿毡子走去。汉斯正走着，突然，眼前那块绿茵茵的毡子猛地一下就被什么力量卷了起来，变成了一只从未见过的毛毡样动物。巴斯克斯被紧紧地裹在了中间，只露出脑袋

来，身陷险境的巴斯克斯脸憋得通红，张着嘴猛地大喊救命。

汉斯见情况不妙，赶紧猛扑过去，谁知那绿色怪物裹挟着巴斯克斯，迅速跃入水中。站在岸上的汉斯心急如焚，又不敢跳下水去。因怕水里有更多的怪物出现，背起行囊落魄而逃。回国后，他恐慌不安地向新闻界人士讲述了这次惨痛的冒险经历。

这样的事情在40年后再一次出现。1937年的一天，雷阿塞地区的一个猎人出门打猎。当他来到巴曼河上游时，看见水中漂着一节断木，约有5米长，粗细像水桶一般。奇怪的是，这根树木周围有许多藻类样的绿色毛状物。它们在水里飘浮着，显得非常柔软。

好奇的猎人便捡来一根长杆，用长杆去挑水中的绿色物体。只见那绿色的树木顿时翻动起一阵阵水花，沉入水底再

也没有出现。回国后，猎人把自己打猎途中的所见讲给家人及邻居听，一时成为街谈巷议的趣闻，久而久之人们也渐渐淡忘了此事。

怪物再次出现

时间一晃就是半个世纪，到了1989年，雷阿塞地区发生了一起警察追捕犯人的事件。

就在紧急的追捕中，曾经一度被人们遗忘的绿色怪物再次出现在人们面前。当时，西班牙籍的国际贩毒头目哈沙勒在纽约被美国警方盯上。有名的国际反毒组织铁手警官约翰·科恩及其助手佩克负责监视并抓捕毒犯，进而捣毁他背后庞大的制毒集团。

在哈沙勒已经进入茫无边际的大森林时，科恩等人也尾随而至。当哈沙勒逃到巴曼河时，被紧追而来的科恩等团团围住。谁知即将落网的哈沙勒却异常镇静，待科恩正要上前铐他时，突然，一串子弹从河对岸的树林里射来。机警的科恩就势拉住哈沙勒往地上一滚，牢牢地铐住了他。

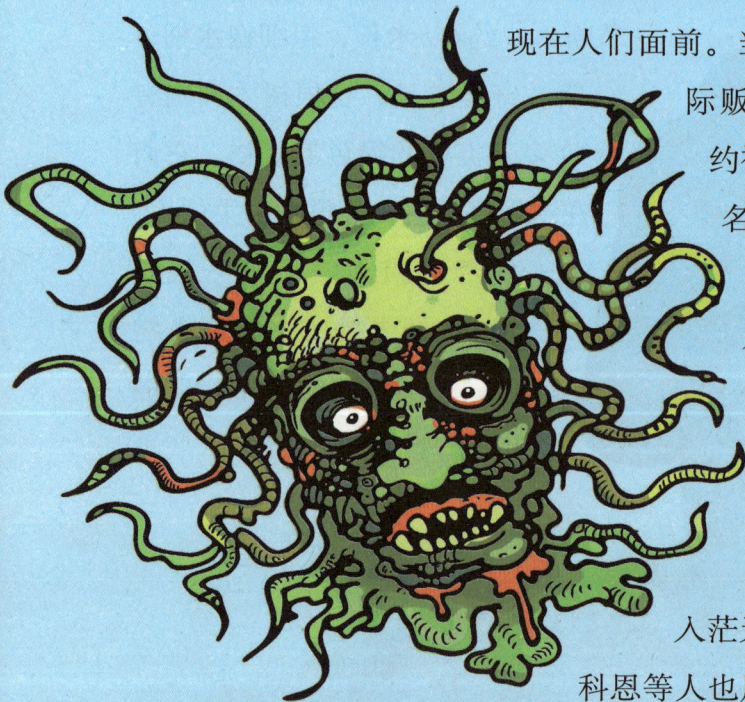

就在这时，随着一阵凄惨的救命声，一个血肉模糊的人踉踉跄跄地从河岸边的森林里奔出来，不久便栽到河里去了。科恩见此情景，顿时惊惧起来："是森林怪物在抓人啦。"

科恩和佩克押着哈沙勒小心翼翼地走进森林，他们断定那人一定与制毒基地有关。进入丛林后，他们看见的只有一摊摊殷红的血迹和几支枪械，此外什么也没有。科恩环顾四周，阴森森的大森林弥漫着一种恐怖气氛。

忽然，一个蓬草状物体从树上落下来，正好罩在科恩的上方。眼疾手快的科恩急忙闪身，但已经来不及了，他的双腿被柔软的绿草包住，并迅速向他的上身扩展。科恩大叫佩克朝他开枪射击。佩克只好对准绿草向科恩的腿部射击，随着几声枪响，蓬草漫漫卷曲起来，终于掉在地上，变成一个毛茸茸的绿球，飞快从草地上溜走了。

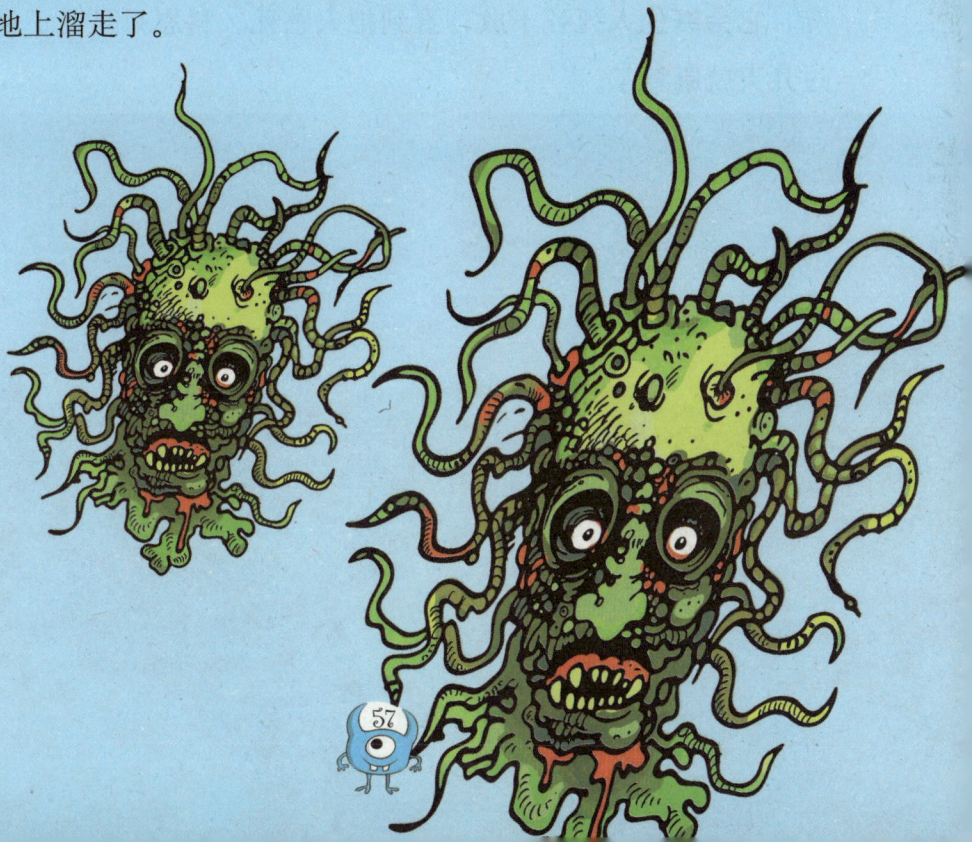

哈沙勒趁科恩他们对付绿草的机会，使劲撞倒科恩撒腿就跑。佩克见状紧追不舍。然而就在佩克刚跑出几步，准备生擒逃犯时，哈沙勒却在转瞬间消失了。

佩克急中生智，赶紧向前方跑去。猛然间看见一个绿色的毛状大包裹飞快地朝森林滚去。同时，听见哈沙勒的声音在里面惨叫。佩克恍然大悟，是怪物裹挟了哈沙勒，他随即对准绿色大包裹开了两枪，然而那包裹滚动得快，转眼就看不见踪影了。

佩克找到科恩，为他脱掉裤子查看受伤的腿部，赫然看到科恩的两条腿全成了炭黑色，在黑色的皮肤上，一个个小红斑点像被针扎过一样。佩克将科恩背出一望无际的大森林，途中恰与一位老猎人不期而遇。

老猎人告诉他们，科恩是被绿毛怪咬了。绿毛怪有许多张嘴，它会缠住人死死不放，直到把人憋死。科恩只是受了轻伤，过几天就康复了。

58

这次事件之后，一支西班牙生物考察队也在巴曼河的源头看见一头绿毛怪。它长有一个扁平的脑袋和一对窄长的眼睛，在水里飘浮着，一旦发现了人，在力孤势危时便会立即卷曲成一团，迅速沉入水中逃匿。

对怪物的猜测

这支考察队认为，绿毛怪是一种两栖动物，并不是食人动物。

另有一些专家认为，绿毛怪可能是动植两类物种，就像冬虫夏草一样。更有人认为它是某种动物身上附有的一种绿色植物保护色。

关于绿毛怪的种种说法，在没捉到实物之前，仅是一些推测。迄今为止，人们尚未捕获到这种浑身毛茸茸的绿色动物，因而也无法揭开绿色怪物之谜。

在线小知识

冬虫夏草，寄生在鳞翅目昆虫体内的一种真菌。受害的幼虫冬季钻入土内，逐渐形成菌核，到夏季从这种虫体或菌核上长出菌体的繁殖器官（子座），形状像草，故称冬虫夏草。

世界上的神秘海妖

海妖出没记录

布赖恩·牛顿在《怪物与人》一书中，对德国潜艇在1915年用鱼雷击沉英国汽船"伊比利亚号"进行了生动的描述：当"伊比利亚号"下沉时，它在水中发生了巨大的爆炸。

德国潜艇指挥官乔治和他的艇员惊异地看到，一个巨大的海怪被炸向空中。这些德国的目击者说，它至少有18米长，而且看上去像一条巨大的鳄鱼，但它却长有4只带爪的脚和一条尖尖的尾巴。

李维记述了一个巨大的海怪，它甚至扰乱了战争期间无所畏惧的罗马军团。最后，它被罗马军团的重型管炮和投石器摧毁。这些管炮和投石器被正式保留下来，用以征服围绕城市的筑垒。《自然历史》的作者普林尼曾提到，有一支希腊部队正按马其顿国王亚历山大的命令在进行探险，他们在波斯湾受到了有9米长的许多海蛇的攻击。

不明白色物体

1896年底，在圣奥古斯丁海滩，两位正在玩耍的男孩发现了一个巨大的白色生物体。它有6.4米长，2米宽，重达7吨，而且肉体非常有弹性。

当地的医生、动植物学家、摄影师和新闻记者都确认了该生物体：有头，有眼睛，有嘴，有触须和尾巴。没有一个渔民、海员甚至科学家能够认出它究竟是个什么样的东西。

吃鲨鱼的怪物

1953年，一位澳大利亚潜水员使用当时最新型的设备，正进行一项破纪录的潜水。有一条四五米长的鲨鱼尾随着这位潜水员。这条鲨鱼盘旋地向下游到他的上方，却没有攻击他的意思。潜水员来到一处暗礁并停了下来。在暗礁下方有一巨大的深沟。这条深沟似乎是向下永远地通向未知的黑暗世界。他不打算再往下走了，只是站在暗礁上四处观察。鲨鱼距离他有9米，相对高出他6米。

突然海水变冷了，一个怪物从暗礁下面那巨大的黑洞中冒了出来。他形容说，它是一个平平的褐色的东西，有一个蓝球场那

么大，而且很慢地收缩。它从暗礁旁边漂浮上去，此时他一丝不动地站在那里。那条鲨鱼也没有动，或许是因为那东西从深洞中带出的寒冷，或许是因为极度恐惧。

这位吓坏了的潜水员看到那张活生生的。"大被单"抓住了鲨鱼；这条鲨鱼无助地挣脱着，然后随着那怪物沉了下去。潜水员看着直至它消失在黑暗之中，渐渐地水温又恢复了，他也谢天谢地安全地返回到了水面。

科学家的猜测

那么，海怪会是什么样的呢？也许我们正在寻找几种适合不同目击情况的特定假设。这第一个最可信的解释就是我们正在注意到来自较早时代所幸存下的动物，或者我们正在注意到那些幸存下来的动物的变异后代，它们沿着不同的演变过程进化而来。

这个世界很大，湖泊和大洋很深，足以容纳得下大量人类未曾见过的巨大的和神秘的怪物。大胆的推断也许会得出这样的可能性，即海怪不仅对我们这些陆地人是陌生的，而且对这个地球也是陌生的。体积这么大的东西需要更大的飞船，要比人类登月

球的飞船还要大。当然，体积的大小不会成为星际旅行的最终障碍。

智利百年深海巨怪

2005的夏天，一块巨大的黏滑肉质物体被海水冲上了智利蒙特港附近的海滩。6月24日，人们在马乌林附近的太平洋海岸发现了它。据智利鲸保护中心介绍，这具遗骸长12.4米，重约13吨。为了辨认这一长达12米的凝胶状组织，智利联络了一些欧洲的动物学家进行研究。

经过分析，科学家们认为，此物形状与历史记载1896年在美国佛罗里达州发现的一个奇特生物样本描述相仿。该样本当时被命名为"巨章"。但眼前的黏滑肉质组织究竟是何物，仍让动物学家迷惑不解。当时科学家们描述，人们用大队马群拖曳一只长达18米的动物，而用斧子砍它却不见砍痕。

据世界各地报道，这种巨怪时不时地被海水冲上岸来，引起人们极大的猜想和臆测。然而，这并不是深海巨怪的首次出现。这个神秘的庞然大物所引发的猜测和争议已长达百年之久。这个庞然大物到底是什么？还有待科学家作进一步研究。

希腊神话是公认的有关海妖的最早记载的文献。早期文献对海妖特点的描述可以简单地概括为：从外形上看，海妖与人类除了下半身的鱼尾外并没有多大的差异，只是海妖的外貌极为美丽。

在线小知识

太平洋日本怪兽尸

日本海怪尸体事件

1977年4月25日，阳光明媚，波光粼粼，日本大洋渔业公司的一艘远洋拖网船"瑞弹丸号"，在新西兰克拉斯特彻奇市以东50多千米的海面上捕鱼。

当船员们把沉到海下300米处的网拉上来时，一只意想不到的庞然大物"呼"的一下和网一起被拉了上来。网里是一具从来没有见过的怪兽的尸体。

尽管已经开始腐烂，但整个躯体却保存得很完整，可以清楚地看到它有一个长长的脖子，小小的脑袋，很大很大的肚子，发现时腹部已空，五脏俱无，而且长着4个很大的鳍。用卷尺测量的结果表明，怪兽身长大约10米，颈长1.5米，尾部长两米，重量约两吨，估计已死去一个月。而事后经研究分析，认为已死了半年至一年之久。

人们对海怪的猜测

这只怪兽尸既不是鱼类，也不像是海龟，在海上捕鱼多年的船员谁也不认识它。大家发出了惊奇的议论："这和尼斯湖里的蛇颈龙不是一样吗？""是尼斯湖的怪兽吧？"

闻讯赶来的船长，见大家在欣赏一具腐臭的怪物，大发雷霆，他担心自己船舱里的鱼受到损失，命令船员们立即把它丢到海里去。幸好，随船有位矢野道彦先生，觉得这个发现不寻常，

在怪兽抛下大海之前，拍摄了几张照片并作了相关记录。

消息传到日本，顿时轰动全国，尤其是动物学家、古生物学家们更是兴奋，他们看了照片进行了分析，有的认为这不像是鱼类，一定是非常珍贵的动物。有的认为是20世纪最大的发现，简直是活着的蛇颈龙。

生物学家的谴责

消息也立刻传遍了全世界，各国报刊都很快转载了照片，发了消息。这件事引起各国著名生物学家极大的兴趣和关注，为此发表了感想和谈话。

对把怪兽尸体又抛回大海这件事，引发了人们深深的遗憾和强烈的谴责。尤其是日本的一些生物学家，对此举简直气愤得怒发冲冠，他们指责船长无知、愚蠢。

　　日本生物学权威鹿间时夫教授说："怎么也不该扔掉，看来日本的教育太差了，才会发生这样的事。为了两亿日元的商品，竟然把国宝扔掉，简直是国际上的大笑话。"

　　尽管大洋渔业公司立刻命令在新西兰海域的所有渔船奔赴现场，重新捕捞怪兽尸体，甚至包括苏联和美国在内的一些国家的船只，也闻讯赶往现场进行捕捞。

　　但由于与丢弃怪物之日已相隔3个月，虽然他们想尽了各种办法去寻找它，然而在茫茫的大海里，谁也没能再把它打捞上来。人类可能认识一种新动物的最好机会，就这样遗憾地错过了。

怪物到底是什么

　　怪物究竟是什么，人们的看法不尽相同，主要有两种观点：一是古代蛇颈龙说；二是近代的大鲨鱼说。

　　赞成鲨鱼说的根据是：日本东京水产大学对怪兽的鳍须进行

了蛋白质的分析，发现它的成分酷似鲨鱼鳍须。英、美等国一些生物学家也赞同这个观点。

英国伦敦自然博物馆的奥韦思·惠勒认为，这个怪物可能是鲨鱼，因为以前世界各地在海滨附近曾发现许多奇特动物，结果都是鲨鱼。鲨鱼是一种软骨鱼类，没有硬骨骼，当它死后逐渐腐烂时，头部和鳃部首先从躯体脱离，这样就呈现出附于躯体前端的一个细长的"脖子"，尖端像小小的头。惠勒的论述使不少人信服。

关于怪兽的争论

持蛇颈龙说的人认为：第一，鲨鱼的肉是白的，姥鲨是粉红色的，而怪兽是赤红色。第二，鲨鱼没有排尿器官，体内积有特殊的尿臭味，凡是有经验的渔民都能闻出来，但当时捕到怪兽尸体的船员却无人闻到这种尿臭味。第三，如果是鲨鱼，那么具有软骨骼的鲨鱼死后半年多，是很难用起重机吊起来的。因为尸体

开始腐烂时，软骨也会随之变化，尸体的软骨架无论如何是承受不了约两吨的身体重量。

此外，鲨鱼只在肝脏里有脂肪，而怪兽有较厚的脂肪层，包裹着全身的肌肉。还有一个重要的论据，即怪兽的头部呈三角形，这是爬行动物独具的特点。人们把怪兽的骨骼草图与蛇颈龙的化石骨骼作了比较，无论就整个骨架结构，还是就局部的鳍、尾、颈来看，都有惊人的相似之处。

应该强调的是怪兽骨骼草图是根据矢野的目测和推测画的，

并不完全准确，但其结构与短颈蛇颈龙如此相像，不得不说这种蛇颈龙说是有一定根据的。太平洋上的怪尸到底是什么呢？人们正翘首以待，希望有一天会再现怪兽的踪影，揭开这个谜。

　　日本池田湖水怪：水怪生活在日本一个叫池田湖的日本火口湖。1978年有人在该湖拍到了该水怪的照片。1991年又有一游客捕捉到了它的影像片段，录像中水怪模样奇特，体长约10米。

加那利群岛水域海怪

巨大海怪现身

1861年11月30日，一个巨大的海怪在加那利群岛水域出现。当时在该水域航行的法国炮舰"阿莱克顿号"的船员们目睹了这一事件。他们还尝试捕获它，却失败了。

他们用套索套住怪物的身体，但是套索一直滑至尾鳍才停住。正当船员们竭力把海怪拉进船舱的时候，海怪挣脱了套索，除了一小部分尾巴以外整个身体又滑落回水中。

可是在当时，没有人相信。直至几年以后官方才承认目击者当时看见的确实是一个奇怪却真实的动物。人们认为船员们看见的是一只巨型鱿鱼，从尾尖至触角头大约有7.2米长。已知的鱿鱼中有比它更大的，但是其巨大的体积让人怀疑。

巨型鱿鱼的样子

有关于这种动物的早期描述来自18世纪，埃里克·旁托皮丹主教曾在他的一部主要的动物学书籍《挪威自然历史》中提到过

北海巨妖。虽然旁托皮丹有些夸张，但是他对那只巨大的鱿鱼描述得还是相当准确的。

早期的有关巨型鱿鱼的描述大都被当作科学幻想或民间传说。所以当有关1673年在爱尔兰的丁格尔湾发生的搁浅和屠杀巨型鱿鱼的记载资料公开后，几乎没有引起任何注意。那份报告描述说那个怪物"有两个脑袋，10只犄角，犄角上有大约800多个纽扣状物，每一个纽扣状物里都有一排牙齿，它有5.7米长，身体比一匹马还大，有两只很大的眼睛。"

揭开神秘面纱

丹麦动物学家约翰·杰皮特斯·斯丁斯特拉普是第一位对北海巨妖进行全面研究的科学家。早在1639年就有关于巨型鱿鱼搁浅的记录。斯丁斯特拉普作了考证，并且搜集了有关标本。

可在当时并没有引起多大反响，直至19世纪70年代，在加拿大纽芬兰和拉布拉多海岸连续发生一系列动物搁浅事件后，才引起一些思想开放的科学家包括《美国自然科学家》编辑帕卡德的重视，并着手调查。

1873年10月，一名叫西奥菲利·皮科特的渔民和他的儿子在纽芬兰省圣约翰附近的大钟岛水域碰到一条巨型鱿鱼，并砍下它

的一只触角。皮科特告诉加拿大地质学委员会的调查员亚历山大·默里说，还有约3米长的触角残留在鱿鱼身上，他们所捕获到的触角长约7.5米。皮科特声称那只鱿鱼十分巨大，大约18米长，1.5米至3米宽。之后，巨型鱿鱼的神秘面纱被逐渐揭开。

巨型鱿鱼的捕食

巨型鱿鱼的两只捕食性长触手上末端膨大，上有强大吸盘，而吸盘环上长有利齿，其他8条触手上也有长利齿的吸盘，这使得猎物一旦被抓住就难以逃脱，而尖而有力的喙状嘴以可怕的效率解决无助的猎物。但它们巨大的身躯无法让它们变成无敌的动物。

相反，它们却是抹香鲸最喜爱的食品，在死亡的抹香鲸胃里常能见到难以消化的巨鱿的喙，而且许多抹香鲸的身体上都有巨鱿吸盘上利齿留下的圆圈状伤痕。

巨型鱿鱼的交配

就像许多其它种类的鱿鱼一样，雄性巨鱿也不具备真正的阴茎。这些动物的10只腕中，有一至两只兼性交器官的作用，也就是所谓的茎化腕，或者也被称为是交接腕。一般雄性鱿鱼交配时，会把茎化腕伸到雌性鱿鱼的外套腔里，将小小的精荚，直接送到雌性体内卵细胞的周围。相反，巨型鱿鱼交配时使用的显然是另一种不太温柔的方法。

一只大约15米长的雌性巨鱿落入澳大利亚塔斯马尼亚岛渔民的网中，它身上有两处小皮伤。科研人员在皮下发现了小小的精荚。看来，是一只雄性巨鱿硬是把这两个盛满精子的精荚，注射到了这只雌性巨鱿的皮下。其它种类的鱿鱼，往往在特殊的储藏地，比如说在外套腔里，或者是生殖器官周围，储藏几个月的精子，而巨型鱿鱼看来却喜欢有目的地直接储藏在皮下。有了这一发现之后，学者们猜测，这些深海巨物的雄性，或许是使用它们的颌骨，或者是带有锯齿的吸盘，先在雌性的皮肤上，划出小小的伤口，然而再把精荚存放进去。

在塔斯马尼亚落网的这只雌性巨鱿还没有发育成熟，所以，专家们猜测，巨型鱿鱼的这种皮下交配法，是用来保障后代繁殖的。在那没有一丝光线的海底深处，或许交配对象之间打照面的机会都不会很多。

在这种情况下，即使雌性巨鱿还没有发育成熟，一旦偶遇佳

机，还是先交配再说。在身上收留一些精子，直到哪一天，有成熟的卵时，再让它们受精。

这样的做法，可以说是很有用处的。只不过，那些精子后来究竟是怎样从皮下储藏室进入雌性的生殖系统与卵子会合的，科学家们还是不得而知。也就是说，巨型鱿鱼对于人类依然还有一团没有解开的谜。

大王酸浆鱿的发现

20世纪初，一种可以与巨型鱿鱼同日而语的新生物大王酸浆鱿被曝光。科学家推断它为群居捕食性动物，是典型的深海、寒海巨鱿，它不仅比大王乌贼要大，同时也是更活跃的掠食者。

大王酸浆鱿拥有漂亮的巨大圆鳍和世界上最大的眼睛，足有足球大，但它们的大脑却很小，只有30克，为人类的1/70，其呈圆环形，中间有食道穿过，有趣的是当它们吞噬较大的东西时，会对大脑造成损伤。它拥有乌贼中最大的"鸟喙"，轻易咬碎骨头完全没有问题。

大王酸浆鱿的耳朵里有很小的耳石，用于分辨方向，上面有圆圈类似年轮，一圈代表一天。大王酸浆鱿生长得快，死得也快，它们的寿命只有450天左右。大王酸浆鱿的血液呈蓝色，

肛门从腮部下面穿过，有8条腕足，两条触手，长的为触手，短的就是腕足，腕足上长有可360度旋转的倒钩，类似于老虎的利爪，最长可达0.08米，可以轻易在鲸脂中划出0.05米深的伤口。雄性比雌性更罕见，雄性进化出精腕，向雌性体内注射精液。雌性的卵子直径约为0.001米。发现的大多为雌性，主要分布于南太平洋围绕南极大陆海域，偶尔向北方分布到南非外海。

捕获的大王酸浆鱿

2007年，新西兰船员在南极罗斯海捕获到了雌性未成年大王酸浆鱿。这次大王酸浆鱿活体的捕获确是罕见。通常只在抹香鲸或大型鲨鱼肠胃中发现残体。完整的个体样本只有几次，但都是未成年的巨鱿。科学家只能凭这些样本估计成年大王酸浆鱿大约长达14米，但真正长得大的至今还没有发现。

与大王乌贼的区别

大王酸浆鱿与大王乌贼的主要差异在触手的勾爪上。大王乌贼的触手没有勾爪，而是周边附有硬质锯齿的吸盘。大王酸浆鱿具有巨大的游泳鳍，但在身体与触手的长度比例上则不如大王乌贼。同样长度的大王酸浆鱿与大王乌贼相比，大王乌贼的触手长度会超过大王酸浆鱿。两者的共同点：体色都是红褐色。

在线小知识

加那利群岛，位于非洲西北部的大西洋上，非洲大陆西北岸外火山群岛。东距非洲西海岸约130千米，东北距西班牙约1100千米。由特内里费、大加那利、拉帕尔玛、戈梅拉等岛屿组成。

长白山天池怪兽

天池的地理环境

长白山坐落在我国吉林省东南部中朝两国交界的地方。它是由火山喷发的炽热岩浆冷却后堆积而成的，属于一座多次喷发的中心火山或复合火山，外观呈圆锥状。锥体中央的喷火口形如深盆，积水成湖，此湖即是闻名遐迩的火山湖，也叫长白山天池。

长白山天池水面海拔2155米，面积9.2平方千米，湖内最深处达312.7米，平均水深204米。它的水温终年很低，夏季只有8度至10度。从科学角度来看，这里自然环境恶劣，水温较低，地

处高寒，浮游生物很少，水中存在大型生物的可能性不大。

天池湖面现怪兽

然而，1962年8月却有人用望远镜发现天池水面有两个怪物在互相追逐游动。18年后即1980年8月21至23日，又有人再次目睹了水怪的出现。

8月21日早晨，作家雷加等6人在火山锥体和天文峰中间的宽阔地带发现天池中间有喇叭形的阔大划水线，其尖端有时露出盆大的黑点，形似动物的头部，有时又露出拖长的梭状形体，好似动物的背部。

22日晨，五六只水怪又突然出现在湖面上，约40分钟后才相继潜入水中。

23日，5只怪兽又出现在距目击者40多米的水面，水怪有黑褐色的毛，颈底有一白底环带，宽约0.05米至0.07米，圆形眼睛，大小似乒乓球。惊慌的目击者边喊边开枪，可惜都未击中，怪兽潜水而逃。

科学家们的猜测

1981年7月21日，朝鲜科学考察团在池中发现一只怪兽。他们依据观察和摄影资料，判断怪兽是一只黑熊。我国一位科学工作者提出质疑，认为人们所见的水怪与黑熊的形态有很大区别，并且黑熊虽然能游泳却不善潜水，因此黑熊并不能解释"天池怪兽"之谜。于是有人又提出怪兽很可能是水獭。水獭身体细长，又善潜水，能在水下潜游很长距离。它为了觅食而进入天池，被人们远远看见，加上光线的折射，动物被放大，于是成了人们传

说中的天池怪兽。

历史上发现怪兽的记录

《长白山志》记述：1903年4月，行路人徐永顺云，其弟复顺随至让、俞福等人，到长白山狩鹿，追至天池，"适来一物，大如水牛，吼声震耳，状欲扑人，众皆惧，相对失色，束手无策。俞急取枪击放，机停火灭。物目眈眈，势将噬俞，复顺腰

携六轮小枪，暗取放之，中物腹，咆哮长鸣，伏于池中。半钟余……池内重雾如前，毫无所见。"

　　1908年，奉吉勘界委员刘建封在《长白山江岗志略》中记述："天池中有一怪物浮出水面，金黄色，头大如盆，方顶有角，长项多须，猎人以为是龙。"

　　1962年8月中旬，吉林省气象器材供应站的周风瀛用双筒望

远镜发现天池东北角距岸两三百米的水面上，浮出两个动物的头，前后相距两三百米，互相追逐游动，时而沉入水中，时而浮出水面。有狗头大小，黑褐色，身后留下人字形波纹。一个多小时后，潜入水中。

1976年9月26日，延吉县老头沟桃胡乡苗圃主任老朴和苗圃工人，以及外来的解放军同志共二三十人，在天文峰上看见一个高约两米、像牛一样大的怪兽伏在天池的岸边休息。此时，大家惊讶地大喊大叫起来，怪兽被惊动，走进天池，游到接近天池中心处消失。

1980年8月23日，吉林省气象局两位同志从山上下至天池底端，在距池边只有30米处，有5只怪兽头部和前胸昂起，头大如牛，体形如狗，嘴状如鸭，背部黑色油亮，似有棕色长毛，腹腔

雪白的动物。他们边喊边开枪，均未击中，怪兽迅速潜入水中，不见踪影。

1999年的一则报道说，当时有目击者拍下了怪兽现身的照片，相距两三千米远，虽然拿着50倍的望远镜，但是看到的怪兽也只是小白点或小黑点，不过，相对山峰的倒影有明显移动的波纹，可以看出是活动的生物。

不同的科学观点

对天池水怪持否定态度的人认为，天池形成的时间并不长，最后一次喷发距今只有近300年，是不可能有中生代动物存活的，况且池中缺少大型动物赖以生存的必要的食物链，无法保证此类大动物的食物来源。

还有一种观点认为，天池中常有时隐时现的礁石从水中浮现，也如动物一样有时把头伸出水面，有时沉入水中。还有火山喷出的大块浮石，它在水中飘浮，在风吹下一动一动地在水面浮动，远远看去如动物一样在水中游泳。

许多目击者产生的是不是错觉？长白山天池怪兽是否存在？近百年来，"天池怪兽"一直是天池的奇怪现象，被传得沸沸扬扬、神乎其神，留下了许多悬念，令人费解。

在线小知识

2011年7月22日，辽宁省大连某高校的一名教师在天池游玩时，意外地拍到了传说中的天池怪兽。这天，一名学生也拍到了类似画面。怪兽在天池中头部露出水面，头上隐约有两个角。

新疆喀纳斯湖怪

喀纳斯湖的奇观

喀纳斯湖是一个坐落在新疆北部阿尔泰深山密林中的高山湖泊，自然景观保护区总面积为5588平方千米。喀纳斯湖是我国有名的"变色湖"，湖面会随着季节和天气的变化而变换颜色，晴天深蓝绿色；阴雨天暗灰绿色；夏季炎热的天气里湖水会变成微带蓝绿的乳白色。

喀纳斯湖有几大奇观，一是千米枯木长堤，这是喀纳斯湖中的浮木被强劲谷风吹着逆水上漂，在湖上游堆聚而成的；二是据说湖中有巨型水怪，常常将在湖边饮水的马匹拖入水中，这给喀纳斯平添了几分神秘色彩，也有人认为是当地特产的一种大红鱼在作怪。

据当地图瓦人民间传说，喀纳斯湖中有巨大的怪兽，能喷雾行云，常常吞食岸边的牛羊马。这类传说，从古到今，绵延不断。

近年来，有众多的游客和科学考察人员从山顶亲眼观察到巨型大鱼，成群结队，掀波作浪，长达数十米，在湖中漫游，一时间把"湖怪"传得神乎其神，为美丽的喀纳斯湖平添了几分神秘的色彩。

游客的神奇偶遇

一天，一名游客说，她和朋友在喀纳斯的半山腰，看到水里有两个很亮的光点，一闪一闪的。她想起喀纳斯有水怪的事，就叫来她的朋友去看个究竟。她们一起向湖心看，真的有东西在游，共有4条，从喀纳斯一道湾方向往二道湾方向游去，游过的水面划出两道长长的水纹，头一会露出水面，一会又沉至水里。最大的至少有7米，小一点的也有5米多。她还拿出相机拍下了照片。

神秘湖怪的魅力

新疆大学生物系的一位教授是最早关注喀纳斯水怪的专家。他认为目击者看到的水怪，有可能是一种体型巨大的鱼。资料显示，很早就有人传说在喀纳斯湖目击到水怪。

1980年，专家们曾在湖面上布置了一个上百米长的大网。可第二天早晨，大网消失得无影无踪。起初，他们首先想到了是水流作用，顺着下游方向找了两天一无所获。当他们向上游前进时，在放网处上游2000米的地方发现了那个巨网，好不容易把网拉上来后，发现网上的网漂已经像枣子一样表面褶皱，体积有所缩小，明显是深水极大的水压造成的，说明网被拖拽到了数十米的湖底。同时他们发现，网上捕获了很多小鱼，而且有一个巨大的破洞。这些情况证明水中肯定有大体积且力量较大的生物。

专家的说法

新疆大学生物系的专家考察后推断，所谓湖怪其实是那些喜欢成群结队活动的大红鱼。这是一种生长在深冷湖水中的"长寿鱼"，其寿命最长可达200岁以上，而且行踪诡秘，没有经验的人是很难捕捉到它的。但当地的图瓦人并不相信这种说法，在他们的传说中，湖怪能吃掉整头牛。但湖怪到底长什么样，谁也说不清。

他们的前辈还有过两次捕捉湖怪的尝试，但都以失败而告终。所以至今图瓦人不到湖里打鱼，也不在湖边放牧。神秘莫测的喀纳斯湖怪自20世纪80年代扬名海内外之后，像

一块巨大的磁铁深深地吸引着喜爱探秘的游客。

越来越多的游客不远万里慕名来到风景如画的喀纳斯湖，希望一睹水怪的模样。至今，水怪之谜一直没有揭开。

湖怪的科学考察

新疆喀纳斯湖怪考察活动于2005年7月进行。在7日至8日，在相距不到17个小时的时间里，喀纳斯湖怪两次出现在湖面上，当时有部分游客拍下了湖怪在水面游动的画面。据目击者说，喀纳斯湖怪长度目测约10米左右。

为了弄清湖怪的真实面目，参加此次考察的潜水队员采用先进的美国设备，潜入喀纳斯湖的水深极限。早在2004年7月，潜水队员曾在喀纳斯湖进行过潜水试验，但下潜20米后就发现存在危险。因为湖水大都为冰雪融水，水温极低，人体难以承受。

新疆大学生命科学院的一位退休教授认为，喀纳斯是否有湖怪不值得炒作。所谓的湖怪就是大红鱼。而喀纳斯湖属北冰洋水系的高山湖，大红鱼有可能生长得比较大，但到底有多大谁也不能乱说。他希望大家能够关注更多更有意义的事情。

在线小知识

关于喀纳斯湖怪狗头鱼的传说：2001年，一些摄影家到喀纳斯采风。一天，专心于艺术创作的摄影家们听到有人喊，扭头一看，湖怪正从水中探出巨大的头颅。由于来得突然，来不及拍下画面。

怪兽故事

　　随着目击怪兽的人数逐渐增多，一些怪兽的故事不翼而飞。可是哪些故事是真的，哪些故事是假的，怎么才能辨别这些故事的真伪呢？

喀纳斯湖怪的传说

当地人的传说

在很久很久以前，有一个牧民把10多匹马赶到我国新疆喀纳斯湖边放牧。天气非常好，太阳暖洋洋地照着，牧人躺在离湖边较远的一片草地上，草香醉人，渐渐地不可抗拒的睡意把他带入了梦乡。

10多匹马或香甜地嚼着青草，或跑到湖边饮水。等牧人醒来时，马群不见了。他急忙奔到湖边一看，立刻惊呆了。只见湖边的水被染成一片血红色，岸边还遗留着一些杂乱的马蹄印。惊恐中，牧人没敢在湖边久留，慌慌张张跑回家去了。

这类传说在湖区还有很多。据说，那个喀纳斯湖怪硕大无比，出没无常，一口就能并吞掉一头牛犊。它时常在湖边偷袭吞食牛马。

1931年，有一位牧民正在湖旁放牧，突然听到湖中发出"隆隆"的声响。

牧民一惊，放眼向湖中望去，刚才还平静的湖面上骤然掀起了巨大的波浪，浪花飞腾翻滚，在阳光下闪耀着刺眼的红光。只见10多条巨大的红色鱼形怪物在水面上翻腾跳跃，搅得湖水汹涌澎湃，十分雄奇壮观。

图瓦人的传说

相传，很久以前成吉思汗西征途径喀纳斯湖，见到这样一个

美丽的地方，决定在这里暂住时日，休整人马。成吉思汗喝了湖水，觉得特别解渴，就问手下将领这是什么水？

有一位聪明的将领应声回答道："这是喀纳乌斯，就是可汗之水的意思。"

众将士听了也一齐回答道："对！这是可汗之水。"

成吉思汗点点头说："那就把这个湖叫作喀纳乌斯。"

于是在图瓦人的传说里，他们是成吉思汗的后代。成吉思汗驾崩之后，遗体就沉在喀纳斯湖中，图瓦人作为当年成吉思汗的亲兵，就留在喀纳斯湖中，世代守卫王陵。湖怪就是保卫成吉思汗亡灵不受侵犯的湖圣。

图瓦人说，其祖辈曾组织过两次猎捕湖怪的大行动。一次制作了一只大铁钩，以牛头为饵，牛皮为绳，将绳的另一头用20匹马拉着。

等了一天，湖怪上钩了，他们便赶着马拉动，走了没多远，20匹马累得口吐白沫，他们只好将皮绳绕在几棵大树上，刚系

好，绳子便断了，第一次行动失败。另一次是宰杀了10多头牛，用牛皮制成一张大网，用5只小船拖着大网绕湖而行，结果船沉网破，此次行动又以失败而告终。

神秘的传说

据说在很久之前，喀纳斯湖两旁的大山闹起了矛盾，原来紧挨在一起的大山各自离去。大山的这一举动，给当地人带来了很大的灾难。

于是，喀纳斯湖底的湖圣出现了，阻止了大山的运动；人民又可安居乐业，自由快乐地生活了。

老人的说法

当地的一位蒙古族的老校长说，据老人们讲，有一年，一头

小牛犊在湖边吃草，不料被大红鱼吞食了。

他年轻时，湖里的鱼特别多，而且很大，他见过近两米的大红鱼。

冬天在湖面上打开一个冰洞，就会有鱼从洞口跳出来。

20世纪70年代一个初冬，3个牧民赶着生产队的一群马，准备从结冰的喀纳斯湖的下游通过湖面，不料冰冻得不结实，"哗啦"一声巨响，冰塌下去，一群马都掉进了湖里。

过了几天湖水又结冰，冰下面有几匹马清晰可见。牧民们砸开冰，打捞上来几匹死马。其余的马连尸骨都不见了。

到了来年开春时湖冰解冻，河水又流淌着，但掉进湖里的马，连一块骨头都没有浮出水面，在河的下游也没有出现。

在线小知识

关于喀纳斯湖怪，俄罗斯人也有传说：据说在19世纪末，一群从俄罗斯过来的白俄罗斯人住在喀纳斯湖畔的一个小村落中，有个强悍的汉子下湖捕到一条大红鱼，竟有好几吨重！

阿拉斯加海湾海怪

海怪目击者

加拿大和美国的边境线西部，有一个叫作温哥华岛的小岛，它隶属于加拿大的不列颠哥伦比亚省，省会就是位于岛上的维多利亚。

在温哥华岛以南地区，有一种非常出名的海怪出没。其实千百年来，美洲印第安人的切诺基部落中就流传着大海蛇的神话。在20世纪20年代，这种神秘动物终于有了正式的记录，当时称其为海巫。

尽管至今还没有实物证据证明温哥华岛怪兽的存在，但是关于它的目击报道却数不胜数，而且这些目击者中不乏严谨之士和高层人员。

1932年8月，维多利亚省立图书馆官员凯普看见了它。第二年10月，不列颠哥伦比亚立法会议员、著名大律师兰利也见到了怪兽；连在萨斯喀切温省最高皇家法院担任30年法官的詹姆斯斯托马斯斯布朗先生也宣称，他在不足130多米的距离看见了那只海怪。

海怪真正扬名天下是在1933年的10月5日，当地维多利亚泰晤士报以头条新闻的形式报道了一则爆炸性消息，游艇乘客在维多利亚对海发现巨型海蛇。

一位当地的律师和他的妻子在驾驶游艇出海周游世界的时候，碰见了一只巨型怪兽。他们心有余悸地形容这只动物是长着骆驼脑袋的大海蛇。

目睹海怪实物

1937年，对于卡迪研究来说是最重要的一年。人们不仅拍到了它的相片，而且还找到了它的尸体。这年10月，位于夏洛特女

王岛的那登港捕鲸站被一片喧嚣声所埋没，酒吧里、大街上、小巷里人们都激动地奔走相告，议论纷纷。

原来一艘刚刚回港的捕鲸船，在处理一具捕获的抹香鲸尸体时，在鲸鱼的胃里发现了一具奇特的动物遗骸，虽然遗骸已经被胃酸侵蚀了不少，但仍能够看清这只动物的模样，这是一只以前从没有过记录的怪物。

这具奇特的动物遗骸全长6米，它的脑袋像马头，口鼻部向下弯曲，身体极为细长，在身体靠前1/3处长着一对大鳍，尾部是很古怪的平行鲸状尾鳍，看起来就像是一只海蛇和哺乳动物的合体。

当时的捕鲸站经理给这只怪物拍了几张照片，然后剪下一部分已经被腐蚀的组织样本送到位于纳奈莫的水产管理局进行分析。

令人悲哀的是，管理局的官员把样本堆放在杂物间里，等到想起来的时候已经不知去向了。更糟糕的是由于怪物尸体恶臭难闻，那里的居民都不愿意把它拉到自己家里。于是这个宝贝竟然被露天摆放，日晒雨淋了一段时间后也莫名其妙地被处理掉，至今没人知道那具尸体到底落了个什么下场。

此后，有科学家专门研究了这种海怪的资料后认为，它可能是"卡布罗龙"。

卡布罗龙的意思是卡布罗湾的爬行动物或者蜥蜴，被认为是在太平洋北部海域活动的一种海蛇，它长着较长的颈部，像马一样的头部，大大的眼睛，后背从水面上突起。

乌克兰神秘水怪

乌克兰沃伦斯克州图里斯克地区索明村的居民们曾经宣称，他们在村庄附近的湖泊中看到了一只模样狰狞的怪兽。村民们已

无人再敢去湖中洗澡和捕鱼。

这个湖泊面积有6万平方米，最深处56米。湖底还分布着大量深不可测的喀斯特溶洞。有人认为，怪兽或许就生活在这些洞穴之中。

20世纪初就有人报告说在该地区发现了怪兽。当时，与索明村相邻的波兰卢吉夫村一名村民曾写信给国家领导人，称在附近湖泊中有蛇形怪兽存在，并不断捕食鱼类和落水牲畜。当时波兰政府还组织过一支考察队，但由于第一次世界大战的爆发，研究活动未能顺利进行下去，这件事就不了了之了。

亲眼目睹水怪的村民

索明村84岁高龄的村民科瓦尔秋克称，他本人就亲眼见过水怪。他表示，该生物看起来就像是一只体形与牛相当的大蜥蜴，其头部像蛇，身上覆盖有鳞片，还长有锋利的爪子。科瓦尔秋克

证实，几十年之前这只怪兽曾袭击过一名因喝醉酒而在湖边睡着的饲马员。

科学家们猜测，在索明村的湖泊中可能生活着一条史前淡水鲨鱼，它可能经历过冰川期的考验。乌克兰国家科学院考古研究所顾问指出，研究人员曾多次在这一地区发掘出过史前鲨鱼的化石。与此同时，索明村的怪物还再次引起了波兰科学家们的兴趣。

或许，为了一探湖中怪物的究竟，这些科学家将重新着手已中断多年的研究，最终为人们揭开乌兰克神秘水怪的真相。

蜜岛沼泽怪物

怪物的传说

几个世纪来，有个传说一直流传在蜜岛沼泽。它被代代相传下来。它关于一个生物非人类也非野兽，生活在路易斯安那海湾深邃的柏树阴影下。这个生物无论如何定义，一定会被认为是一个怪物。

蜜岛沼泽位于美国路易斯安那州东部的圣坦慕尼堂区。它被很多自然学家认为是美国最原始的沼泽动物栖息地之一，蜜岛沼泽覆盖了超过32千米长，大约11千米宽的区域，总共283平方千米的土地中的141平方千米被政府认定为永久的野生保护区。

这个岛以鲶鱼、蛇和短吻鳄著称，同时还是黑熊、红狼、美洲豹、野猪和正在减少的佛罗里达黑豹的栖息地。

但也有一些人相信，在广阔的沼泽深处，在人们只能通过步行、骑马或划船才能到达的地方，在那里，即使是有经验的导游都知道自己会迷路，那个地方环境很原始，生活着一种比其余所有潜伏其中的那些动物更危险的凶猛的食肉动物。

首次现身的怪物

蜜岛沼泽的传奇在1974年被揭示。一对空中交通管制员福特和米尔斯，蹒跚地走出了蜜岛沼泽，带来了一个难以置信的故事，有些甚至不可思议。

这个经验丰富的猎人声称他在一头喉咙被撕开的野猪旁发现了一对深印在土壤里的的不寻常的足迹。那天，他们看见了一些其他的东西，一些能够改变他们一生的东西，他们看见了一个怪物。福特和米尔斯描述了一个两只脚的可怕生物。这种类人生物具有灰色外表和毛发。他们估计这种野兽有两米高，重达 230千

克。但最令他们记忆犹新的是它病弱般的黄色眼睛，远远地长在颅骨的两端，以及周身散发的腐烂尸体般的恶臭。

"蜜岛沼泽怪物"的第一次官方报道就这样开始了，然而这个神秘野兽的故事可以追溯至几百年以前。

这种生物被美国人认为是一个曾经被抛弃了之后，在沼泽中一个地图上没有标明的区域由短嘴鳄养育的孩子。这种野兽经常被卡津人和印第安人误认为是狼人。

这种动物曾经困扰了这个地区长达几十年，并且曾经被指责造成了大量的人和牲畜的死亡。

最诡谲的传说

或许关于蜜岛沼泽怪物最诡谲的传说是围绕一起火车失事事

故展开的。据说是
发生在20世纪早期
的珍珠河湖畔，根
据这一说法，火车
上载满属于巡回马
戏团动物中有一些
逃到了该沼泽中。
虽然这些热带猛兽
大部分很快便丧生
于此，传说中却说
有一群黑猩猩存活
了下来。并且，它
们甚至还被传与鳄鱼混种繁殖。

　　结果，这里便成了这种哺乳爬行类混血生物诡异的领地，此
生物也变成了具有传奇色彩的"蜜岛沼泽怪物"。

　　这个神秘事件持续至今天，有越来越多的目击者，从他们
的描述中得出了一个差不多的内容。不管这个动物是什么，三件
事一定是真的：这个生物很大；它是食肉动物；它还不想被人发
现。

在线小知识

　　在美国佛蒙特州、纽约州和加拿大交
界处有一个香普林湖，湖中有一只香普林水
怪。据说，香普林水怪长3米至30米，皮肤黝黑，
身上有几个隆起。它的头很像蛇或者狗。

福州左海湖水怪

七嘴八舌述水怪

在我国福建省福州市海湖中冒出不少有点像水母的不明物体，每个几十千克重，在水里是灰色的，捞上岸变成果冻状，再过几天就会化成一滩水。它们体形奇特，小的如馒头，大的直径达1米。

这种不知名的怪物在左海湖水中游荡出没，迅速繁殖，引发轰动。它们究竟是什么，连生物学专家也被考倒了。

"左海里有大水怪！"福州市左海里冒出了不少外形如水母的不明物体，家住附近的不少街坊都去看热闹。

看热闹的人说："那东西很可怕，在水里是灰色的，捞起来就变透明了！它是圆形的，近半米长，铁灰色的外表上布满小疙瘩。仔细观察，还能见到底部长着许多小触角，随着水流在不停地摆动着，有点像水母。"

附近居民说："怪兽很沉，起码有五六十千克重。两个人费了好大的劲，才用捞网捞出水。大水母刚捞上岸就碎成几片，上半截是几近透明的果冻状物体，下半截布满血丝。放一段时间，它就会变成胶水一样的东西。"

"前一天下午捞上来的一个大水母，已经变成一滩水，里面夹杂着绿色丝状物。"

"不远处，就有足球大小的水母，在湖里浮动。好像它们不

会游动，只是随着水流在飘动，长得也特别快。"

还有人说："它像那个黄白相间的花花的衣服，会弹来弹去的，看了觉得很害怕，开头第一次用手触摸的时候，也觉得比较恶心，心里觉得毛毛的。"

究竟是什么

这究竟是什么东西？会长着透明的果冻身体而且里面还有血丝？捞上来就碎？什么东西死了就剩一层皮？单这几个问题就非常违反常理，看到水怪的人都确实很震惊。

这个水怪居然重得让两个人抬起来都很费劲。水怪的腥味是那种比普通鱼塘的腥味腥10多倍的味道。它明显有一层外皮，花花点点的，还很有韧性的样子，很像某种动物的皮，轻轻扒开外皮的时候，它里面的肉是粉红色的，嫩嫩的。

专家的调查追踪

据去过当地的专家分析，这是一种至今他们从未见过的东西。不仅如此，以前的水怪被发现时大都只是一只两只的，而这次却是一大群，而且整个左海公园的湖水里，随处可见。

那么，福州市左海湖里出现的这一群怪物到底是什么呢？消息一出，不仅轰动全市，而且引发网上数万网友的争论和猜想。

它到底是什么呢

和群众猜测的一样，大水怪的确有几分和水母类似，但这种猜测很快被专家否定了。接着水怪是鱼卵、是藻类植物的说法也被一一推翻。

听说水怪怕热，这给专家们的寻找和取样增加了不少难度，然而当专家们坐船在湖面寻找时，竟然发现了一只巨型水怪！它足有上百千克重、直径约1.2米，让人害怕的是它似乎正在进行着分裂。

继续对水怪进行追查，更让人惊恐的是，在左海湖东面的水族馆发现了爬在拦网上的密密麻麻的水怪家族。它们没有手脚却能爬在拦网上，它们像在休息又像在开会，场面非常惊人。

专家们猜测它们也许就是水族馆的泄露所造成的，调查之后

这个猜测也被否定了。

根据工作人员提供的信息，专家们又追回到钓鱼台，由于湖边有大量的茶馆，他们顺着线索继续调查，结果发现它和30年前流行的一种红茶菌非常相似。

但追查的结果是水怪也不是红茶菌，而它的来历仍然还是个谜。虽然经过一系列的了解和分析，最终排除它是动物和植物的可能性。

水怪的最终答案

水怪的最终答案是真菌、细菌、放线菌形成的微生物复合体。这一点专家们还有争议。这些微生物到底叫什么？它们是变异来的还是从外界带来的？所有这些还不知道。

福建省农科院的专家提示，这里突然出现奇怪的生物体，应该是这里的环境或水体出了什么问题。对水体和水怪的样本进行研究，结果显示专家的猜测不错，而且左海湖的水看似清澈，实际上却非常的脏。然而，水怪究竟是什么却仍然没有结论，还需要进一步进行研究。

在线小知识

科学家研究发现，福州水怪是一种真菌的孢子囊，却不知它叫什么，来自哪里。科学家称，如果环境继续被影响和改变下去，我们身边的怪物会越来越多。因此，我们应该保护环境。

贵州牂牁湖水怪

发现不明水生物

2008年11月，我国贵州省六盘水市水城县野中乡、六枝特区中寨乡等地的牂牁湖不断传出奇闻：江中有巨型水怪出没，一艘运煤的轮船曾被其掀翻至江底。

2008年11月30日，六盘水市副市长带队考察牂牁湖时，长约8米的不明水生物再次出现在湖面翻腾。次日下午14时30分，当考察船正在掉头回行时，突然水面波涛翻滚，一个黑影从约百米外的水底翻出，扇动着七八米长的鱼鳍一样的家伙，清澈的水面顿时浪打浪，人们称："那家伙体重肯定不会低于一吨。"

不明水生物之谜

2008年11月30日天气晴好，40余人组成的牂牁湖旅游区考察团，来到了牂牁湖，展开了考察。就在船掉头航行时，湖面忽然水花翻腾，近百米外的水面上浮出一条黑色的鱼鳍。一名考察团

团员定睛一看，"那其实就是一条巨大的鱼，身长足有8米。"因为从来没见过这么大的鱼，船上的人全都惊呼起来。考察团人员拿着相机对着黑影连拍了7张照片，同时启动摄像机，拍下长达一分多钟的视频镜头。

船工卢香勇是当地毛口乡村民，已有8年驾驶渡轮的经验。他也惊叹："从未见过这么大的鱼！"激动的人群忙请他驾船追上去看个究竟。

此时，巨鱼渐渐沉入水底。船上有人提醒说：不要再追了！前不久在上游的水城县野钟乡沉了一艘运煤的船，据说就是遭到巨鱼的袭击所致。

专家的说法

据六盘水师范专科学校长期从事动物教学和研究的一位教授介绍，20世纪50年代，毛口一带曾钓出上千克重的鲢鱼。

1986年曾在该流域的发耳乡采集到一枚鲢鱼标本，虽然该标本体积较小，但与最近获取的视频资料显示的鱼鳍很相似。

由于沿江溶洞较多，也有可能因筑坝拦水导致溶洞内藏身多年的巨鱼游入湖泊，因此不排除该巨鱼是鲢鱼的可能。但上述推测仍需进一步考证才能成立。

在线小知识

鲢鱼属于鲤形目，鲤科，是中国著名的四大家鱼之一。体形侧扁、稍高，呈纺锤形，背部青灰色，两侧及腹部白色，头较大，眼睛位置很低，鳞片细小。鲢鱼性急躁，善跳跃。

青海湖出现精灵水怪

青海湖发现水怪

1955年6月中旬，一小队解放军战士陪同一位科学家分乘两辆水陆汽车在我国青海湖考察。班长李孝安首先发现水中巨物：长10多米，宽2米，露出水面0.3米，像鲨鱼一样，呈黑黄色。1960年春，渔业工人在湖中捕鱼时，看见远处卷起巨浪，浮出一片黑色的巨物，既像鳖壳，又像鲸背，浮沉了几次，才从人们眼前消失。

1982年5月23日下午，青海湖农场五大队2号渔船工人再次看见水怪，不露头尾，背部长约13米，身上闪着鱼皮似的光。

水怪是不是大鱼呢？自古藏民把水里游的鱼奉为神灵，从不伤害和捕食。这样，几十年前湖内有的大鱼重10吨以上。可青海湖的鱼是湟鱼，也称裸鲤，是无鳞的，绝不可能长到十三四米长。自然，这水怪也不是神灵，只能是生物，这种情况引起了科学家的广泛兴趣。

科学家的推断

一是水怪出现之前天气都较闷热；二是3次目击到的水怪形状均较大，颜色都是黑色类，活动特点都是露出水面一下，然后立即下沉，长度都在10多米，由此可以断定3个水怪是同类物体；三是它们出现的地点都在海星山与青海湖东岸之间。

科学家推测，青海湖水怪不太像是蛇颈龙之类的远古爬行生

物，因为3次出现的水怪都是藏头藏尾的，无高大的驼峰，这些均不符合蛇颈龙的生活习性。

由于青海湖畔的藏民把水中游鱼奉为神灵，从不伤害和捕吃，久而久之，致使湖内鱼类繁殖到饱和程度，数十千克重的大鱼很常见。

尽管现在有了国营渔场开始捕捞，但湖内是否还遗留罕见的大鱼也未可知。当然，说水怪可能是大鱼不足为信，因为淡水鱼长至5米至6米长就属稀少了，不可能长到十三四米。

青海湖鱼精灵之谜目前已经引起了世界科学界的关注。我们期待早日揭开罩在它身上的神秘面纱。

水怪或称"海怪"，以特指海洋中的水怪，也指生活在水里的神话传说和未知名的生物。科学家认为，在海中大约1000米深的地方，有许多大型未知生物，体长在18米至20米之间。

神农架长潭水怪

目睹怪物

1985年7月的一天中午，我国湖北省石屋头的一位村民路经神农架长潭。突然，水面翻动，"哗哗"直响，冒出几丈高的水柱。村民仔细一瞧，发现水中有好几个"癞头包"正在向上喷水。它们前肢端生有5趾，又长又宽，扁形，在水中呈浅红肉质色。

1986年8月的一个中午，猫儿观村的一位农民经过长潭，当时天气阴暗，十分闷热。他走到潭边时，见到潭中冒出阵阵青烟白雾，很快向四面散开，在烟雾中几个巨大的灰呼呼的怪物，两眼发光，嘴巴像一只大簸箕，他以为遇上水鬼了，吓得急忙跑回家。

怀疑是古生物

大约7亿年前，神农架群地层才开始从一望无际的海洋中缓缓崛起为陆地。几经变迁沉浮，到距

今一亿多年前中生代，神农架一带才变成真正的陆地。但那时海拔不高，湖泊沼泽星罗棋布，气候温暖湿润，大型动物恐龙成群活动。

在距今约7000万年前，神农架地层上升，海拔变高。这一时期无数古老的大型兽类如板齿犀、利齿猪等成群结队在河湖边出没。这点已经从近年来在神农架发掘的板齿犀化石等得到证明。可以推测，在气候环境得天独厚的神农架林区，很可能有某种远古大型动物，有幸躲过了第四纪冰川灾难而残存下来。

科学家的推断

神农架长潭位于湖北省神农架林区新华乡石屋头村和猫儿观村之间。前后至少有20人在这一深潭中看到几个巨型水生动物，其共同特征是：皮肤呈灰色，头为扁圆形，眼睛大如饭碗，前肢生有5趾。一些科学工作者认为，所谓水怪，极可能就是一种大型的两栖类动物娃娃鱼即大鲵。

有人不同意这种看法，说，人们对大鲵并不陌生，不会把大鲵当成水怪，而且目击者描绘的水怪形态和大鲵明显不同。有的科学家推断，神农架的水怪可能是古代两栖纲的蛤蟆龙。因为人们描述的水怪形态、习性都类似蛤蟆龙，而且神农架的环境对古代动物的生存繁衍提供了极为有利的条件。

在线小知识

1898年2月15日，法国"阿法拉什号"炮舰在阿洛洛海湾遇上两条大蛇。炮舰向蛇全速冲去，在距离300米处开炮，未击中，其中一条蛇反而从舰尾钻出。可以想象船员当时的惊恐状况。

泌阳铜山湖水怪

水怪濒现铜山湖

在河南省泌阳县城东南30千米处，有一座铜山湖水库。1985年9月的一天傍晚，水面风平浪静。水库水产队的一名职工驾着一艘机动挂帆木船，自东向西横穿湖面，忽然发现一个庞然大物趴在湖心岛的石滩上。

船行至离怪物三四米处，只见那家伙头呈蛇状，褐绿色，大如牛头，长着两只短角。两眼如鸭蛋大小，发着绿光。怪物嘴扁，上唇短，下唇长，呈簸箕状，露出两排牙齿。"呼哧呼哧"从核桃大的鼻孔中喷出带水的粗气。怪物皮肤粗糙，身上有铜钱般大小的灰色鳞片，有两个带爪的前肢，露出水面的躯干有三四米长。

那水怪见船后，缓缓缩身入水，向东南方向游去，经过处激起半米多高的浪花，散发出一股恶腥气味。

1992年8月9日下午，几名工人在宋家场水库钓鱼。18时30分左右，平静的水面上突然掀起巨浪，并散发出浓浓的鱼腥味。接

着，水中冒出一个庞然大物的前躯，那怪物从两个鼻孔中喷出两条水柱，颈粗如水桶，两个带爪的前肢在水面划动，身躯露出水面部分有3米多长。怪物在水面停留数十秒钟后，没入水中消失。

原宋家场水库水产队的一名队长称，自1992年以来，水怪的出现越来越频繁。出现的时间也由过去的秋季、雨后、傍晚、闷热天气，发展至不分季节和时间。自1985年人们首次发现水怪至今，目击者已超过百人。

水怪掀起层层波

1986年9月的一天，泌阳县的一位司机从驻马店出差回家，行至离宋家场库区1000米处，突然发现从水库里升起一个大水柱直冲云天。司机与同车的3人下车观看，发现水柱中有一条黑色蛇形大物。水柱一直延续了约两分钟，然后突然消失，水库平静如初。宋家场水库管理局局长称，自水怪出现以来，水库中10多千克、几十千克重的鱼便很少见到，下网捕鱼时，渔网下面经常被咬破，破洞处能驶过一辆汽车。

自水怪在泌阳出没以来，中国社科院等动物科研部门已着手进行研究。

在线小知识

据《泌阳县志》记载，清康熙五年（1666年）七月的一天，县城西南方有一个斗大的动物从天而降，模样像一条蛟龙。从清康熙五年至现在，时光已经过了300多个春秋，可水怪依然出没。

怪兽解读

　　怪兽的出现，使人惊奇，也让人深思：这些怪兽到底生活在什么地方？它们是如何生存下来的？又是在什么情况下被人们发现的呢？

新泽西州的魔怪

新泽西州的魔怪

新泽西州的泽西魔怪出没该州派恩巴仑斯地区一带，像只巨型蝙蝠，狗头马脸，20世纪初以来一直袭击家畜。

1909年，一对居于该区的夫妇，目击了这个怪物。他们说它是只1.2米的魔蝠，长颈，狗头，马脸，翼长两尺，后腿带了个马蹄，用双脚走路，带爪的双手缩在身躯两侧，魔怪会发出怪声，双翼有飞行能力。

新泽西州的恶魔的传说

新泽西州的恶魔是传说中的两足有蹄类飞行生物，身长1米至1.8米，全身覆盖黑毛，头部似马，有深红色的眼睛，蝙蝠般的翅膀。据传出没于南新泽西州一个地方。

关于新泽西州的恶魔某版本有个传说：18世纪中期，李兹太

太产下了第十三个孩子。她对于一再的怀孕感到非常的不悦，于是放声大喊："我已厌倦小孩了，就让魔鬼带走他吧！"这个人类婴儿随即变成了有翼的怪物，吃掉了其他小孩后从烟囱飞了出去。故事因发生的时间及怪物的丑恶程度不同而出现了不同的版本。

在另一版本中，恶魔仅是被李兹太太监禁在阁楼或是地窖随后逃入森林中的小孩。

另有传说将恶魔的诞生归咎于一个拒绝供给吉普赛人食宿的自私女人，她受到了吉普赛人的诅咒。

尚有传说提到李兹太太本人是个女巫，或是她与英国士兵发生暧昧而被当地居民诅咒。

一般认为新泽西州的恶魔的发源地位于一个木屋里。那间木屋尚在原址，但只剩下基座的废墟以及其他残留的部分。

据说该恶魔的同伙有无头海盗、鬼般的女人以及人鱼。

在南新泽西州的某些地方有传言指出该恶魔居住在一间除叶剂厂，该厂位于一个被沙与森林包围的小镇附近。

另一个被当地居民广为流传的传说提到，有一个女人第一次怀胎，她希望这个小孩是完美的。而当他出生后，居然是在当时任何人所见过中最丑陋的婴儿。母亲非常生气地说："他不是我儿子，而是恶魔的儿子，愿上帝将他归还给恶魔！"语毕，便将她儿子掷入河中溺毙。

118

传说那条河现在被恶魔占据，且据说河床有一块石头底下有不明物体会吸取空气。当人们游经此地时会被吸入石头底下，至死亡之前都不能离开。当死了以后，尸体才能离开并浮在水面上被其他人所见。

现实当中的新泽西州恶魔

然而，关于新泽西州恶魔的记述最早可追溯至美国印第安人时代。1840年，新泽西州恶魔被认为是牲畜屠杀事件的凶手，1841年出现类似的攻击事件以及怪物的足迹及尖叫。

1859年这个恶魔出现于哈登菲尔德，1873年冬天布里奇顿发生目击事件而引起恐慌。

据说约瑟夫·波拿巴在新泽西州包登敦自家庄园中打猎时目击了这个恶魔。

据称美国海军军官史蒂芬·第开特在新泽西州的射击场测试武器时曾向这个恶魔射击，但它仍毫发无伤地继续飞行，把他和在场的观众都吓坏了。

直至今天，有许多的网站和杂志刊发新泽西州恶魔的目击报告。

在巴布亚新几内亚，有数人宣称见过一种恐怖的大鸟。人们称它为魔鬼飞翔者。它的翼宽大概是1.2米，有长长的嘴，里面布满尖利牙齿，爪子也很锐利。魔鬼飞翔者喜欢吃腐尸。

似猿的巨型大脚怪

大脚怪是什么样的

大脚怪，又叫"沙斯夸支"，是在美国和加拿大发现的一种似猿的巨型怪兽。在北美的印第安人中，早就流传着这种神秘怪兽的传说。但确凿的足迹最早是在1811年发现的。当时探险家大卫·汤普逊从加拿大的杰斯普镇横洛矶山脉前往美国的哥伦比亚河河口，途中看到一串人形的巨大脚印，每个长0.3米，宽0.18米。由于汤普逊没有见到这种动物，只看到大得吓人的脚印。他报道了这一消息后，人们就用大脚怪来称呼这种怪兽。

从此以后，关于发现大脚怪或其脚印的消息不断，至少有750人自称他们见到了大脚怪，还有更多的人见到了巨大的脚印。虽然不少科学家认为大脚怪是虚无之谈，但有些报道不能不引起人们的注意。有专家认为，大脚怪可能是误传。到目前为止，各种大脚怪虽然传闻很盛，但总是只闻其名，未见其物。为此，有人提出疑问：大脚怪数量少，那么怎么能够保证他们有足够的种群保证它们的繁殖与延续呢？

目击者的描述

前美国总统老罗斯福不是一个轻信的人，但他在1893年出版的《荒野猎人》一书中，曾记载了一名猎人亲口给他讲述的与大脚怪遭遇的可怕故事。那件事给老罗斯福留下非常深刻的印象。猎人名叫鲍曼。事后多年，他谈起这段经历时仍不住地哆嗦。鲍

曼说，他年轻时和一个同伴到美国西北部太平洋沿岸的山地捉水獭，就在林中宿营。半夜里，鲍曼他们被一些叫声吵醒，嗅到一股强烈的恶臭味，并在黑暗中看到帐篷口有一个巨大的人形身影。他朝那个身影开了一枪；大概没打中，那影子很快就冲入林中去了。由于害怕，鲍曼和他的同伴决定第二天就离开。当天中午，鲍曼去取捉水獭的夹子，同伴则收拾营地。夹子捉了3只水獭，鲍曼到黄昏时才清理完毕。当他回营地时，同伴死了，脖子被扭断，上有4个巨大的牙印；营地周围还有不少巨大的脚印，一看就知道是那只怪兽干的。由于恐惧，鲍曼什么都顾不上收拾，连忙骑上马，一口气奔出森林。

　　1924年，伐木工人奥斯特曼到加拿大温哥华岛对面的吐巴湾

去寻找一个被人遗弃了的金矿。一天夜里，他和衣在睡袋里睡觉，觉得自己被抱了起来。天亮后，他从睡袋里钻出来，发现自己是在一个山谷中，周围是6个身材高大的毛人。这些毛人不会说话，成年的身高有两米多，体重大约五六百千克，他们前臂比人长，力气大得惊人。毛人们没有伤害他，整整过了6天，奥斯特曼才找到机会逃出来。奥斯特曼许多年后才肯讲自己的经历，他怕别人不相信，但据专家们分析，他讲的许多细节确实不像虚构的。

1967年10月，美国人帕特森终于用摄影机拍下了20多米的大脚怪镜头。那天帕特森和同伴骑马经过加利福尼亚北部的一处山谷，刚拐了一个弯，竟然发现一只黑色的人形巨兽蹲在河边；马惊得狂叫一声，用后蹄直立起来，把帕特森摔在马下。

帕特森连忙取出摄影机。这时大脚怪正慢慢向森林走去，边走边回头看了一眼。在它没走入丛林之前，帕特森及时地拍下了

一段难得的珍贵的镜头。从影片上显示该动物身高约两米多，肩宽近一米，黑色，用两足屈膝行走，有一对下垂的乳房，体态和行走的姿势像大猩猩更像人类。

科学家推测

许多科学家认为，大脚怪可能是古代巨猿的后代。巨猿化石是1935年发现的。当时荷兰古生物学家柯尼斯瓦尔德在香港中药店里发现了一些巨大的猿类牙齿。20世纪50年代，在中国南部、印度和巴基斯坦又发现了更多的这类巨兽化石。

人们推测，巨猿是800万年至50万年前生存的一种巨形类人猿，它活着的时候身高2.5米至3米，体重约300千克。有些动物学家认为，巨猿并没有完全灭绝。北美的大脚怪可能就是巨猿的某种同类或变种。但由于人们至今尚未捕获大脚怪的实体，因此许多人对大脚怪是否存在仍是半信半疑。

对此，国际野生动植物保护协会创始人兼美国俄勒冈州大脚怪研究中心主任柏恩指出，发现有大脚怪出没的地区达数十万平方千米，大多是深山密林，那里人烟罕至，有些地区更是难以到达。柏恩说，过着石器时代生活的塔沙特人就生活在菲律宾丛林里，直至1971年才被发现，所以至今没能捕获大脚怪也不足为奇。

在线小知识

随着人对自然界认识的深化，发现动物新品种的可能性就越来越小。但可能仍有许多人们未知的动物。最近100年间，过去许多被怀疑的动物陆续得到发现与证实。

神秘怪兽天蛾人

不明的奇异生物

天蛾人是一种不明的奇异生物，在1966年11月和1967年12月间，在查尔斯顿和西弗吉尼亚的欢乐镇被发现。这个生物在这段时间之后的报道和出现的频率就很少了，最近的一次是在2007年。

除了美国外，在世界各地也有不少天蛾人的目击事件发生。早在1926年，中国就发生过目击天蛾人的事件。

天蛾人的外形

大多数看到天蛾人的人都将其描述成有翅膀的人形生物，有翼，有一对可怕的折射红色光芒的眼睛。它好像没有头，眼睛长在胸部。目击者的说法，让人产生很多想象。

天蛾人在1926年被一个年轻的男孩首次发现。与此同时，3个男人在墓地周围挖墓的时候也看到一个棕色的人形的、有翅膀的生物从旁边的树林那里飞过。每个事件之间的报道都没有什么联系。虽然有不少人看到过天蛾人，但是却没有任何照片。

1966年至1967年间，总共至少有100人亲眼目击天蛾人这不明生物。据目击者的报告，天蛾人大约有1.5米至2.1米高，非常宽大，有一对类似人的脚，一双巨大明亮的眼睛于额头上，头连接着肩部巨大像蝙蝠的翅膀，毛皮是灰暗色或褐色，还有的是天蛾人飞行时会发出"嗡嗡嗡"的叫声！

天蛾人的发现简史

在1926年的东南山脉附近，发生了我国有史以来严重的大灾难。 东南山脉上建有号称世界上最大的水坝，这就是在我国境内排名第二大水库的帝水库。

在1926年的1月19日午后，这座水库突然决堤坍塌，洪水狂泄而出， 原本宁静的农庄一下子成了水乡泽国、水底世界。

当整个城镇就这样被这急流猛窜的水患淹没时，死亡人数也不断增加。除此之外，许多房舍像是被奇怪的东西搬动，随着水流而下，一瞬间离原村庄已有几千米之远。

从那些幸运的生还者口中得知，在水坝快要坍塌前， 有人看到黑色的像人又像龙的东西出现在水坝坍塌的附近。人们都在怀疑是天蛾人作怪。

G 怪兽解读 uaishoujiedu

125

1966年11月14日22时30分，一名当地的建筑承包商，正在塞林欢乐镇的住屋里看电视，突然电视屏幕变得漆黑，并布满很多不明图案，之后他听到一声巨大的声音，这是一声哀鸣。他形容这声音像发电机声响。

之后，商人的狗在门廊间长叫着。于是，商人决定出去看一看。他看见狗面向屋对面的仓库叫着。商人开着手提灯上前一看，有两个圆形的物体在前，像一双巨大的眼睛或者是单车反射灯似的。第二天，商人的狗奇怪地失踪了。

两日之后，商人在报纸上看见一则新闻，其中一名人士看到一只奇异的鸟从炸药工厂走进了欢乐镇的边境，他在道路旁发现一条大狗卧着，但在几分钟后那头狗就离去了。商人立即想到那条狗就是他家的狗！狗为何玩失踪呢？

1966年11月15日傍晚时分，两名年青夫妇来到一间邻近欢乐镇的被弃置的炸药工厂。夫妇俩在这里看见有头有一双大眼睛的生物，外形很像人类的身形，但它非常巨大，有2米至2.3米高，而且它折叠着一双巨大的翅膀。当那头生物移动时，夫妇俩便慌忙离去。

片刻之后，夫妇两人在山坡附近的马路上再次发现同样的生物。那头生物展开它巨大的翅膀飞在天上一直跟着他们的车子。当时他们的车子正以超过时速50千米行驶着，那头生物一直跟着他们的车子直至欢乐镇的边境。

夫妇两人把此事件报告给了当地的治安官。原来当晚的不同时间里，除了他们之外，还有4人目击到同样类似的生物3次。

天蛾人隐藏的危害

天蛾人除了吓人之外，似乎很少做过什么坏事。但是有人报告过蛾人引起一起灾害。

1967年西弗吉尼亚州的欢乐镇的一座大桥发生断裂，造成46人死亡。有传说这次事件是天蛾人造成的。约翰·基尔并以这个蛾人传说为主题写了小说《蛾人的预言》。

1966年见过天蛾人的人，或是自杀身亡，或是精神失常，且活不过半年。看过天蛾人而丧生者多达百余人。

多年来，这次事件被美国国家安全局视为机密档案。几乎无人知道那段时间内科技领导全球的美国到底发生了什么事情，那天夜晚发生的事成为世纪之谜。

1966年11月12日，美国西弗吉尼亚州的一个公墓墓地，5名男人看见一个褐色的人形物体从一棵树上出现，并从他们头上飞过，看上去并不像鸟，外形类似人，有着一双翅膀。

在线小知识

奇怪的缅甸雷兽

雷兽叼走家禽

高黎贡山平均海拔在4000米以上，沿着中缅边境由北向南延伸。有一个叫青河的小村，位于一个四季如春的山谷里，全村大约有400多人。村里住着一名姓伍的村民。1965年3月的一天，他辛辛苦苦养的3头肥猪一夜之间不见了。他逢人便说，我那3头肥猪一定是被雷兽给叼走了。

雷兽到底是一种什么动物呢？据村民们描述，它全身发着金光，好像是有人把金片贴上去似的，样子像马，不过四肢要比马短了很多，额头上有一只独角，叫起来就跟猫头鹰一样，嘴角上还长了两颗獠牙。

128

雷兽袭击人类

姓伍的村民有个儿子，名叫伍宗诚，在村里负责保安工作。到了晚上，为了保证村里的安全，伍宗诚带着几个人在村里巡逻。青河村虽然只有400多人，但住得很分散，巡逻一圈，也得大半夜。

这天晚上乌云密布，连一颗星星也见不到。他们走在伸手不见五指的村子里，心里不免有些害怕。到了后半夜，大家都有些精疲力竭了。

这时，突然小道上金光一闪，把他们吓了一大跳。那个东西径直朝他们冲了过来。

人们不知道那是个什么东西，但从奔跑的声音来判断，类似于牛或马之类的猛兽。

伍宗诚大喊一声"快躲开"。话音刚落，那个怪物已冲到眼前，有个来不及躲开的小伙子一下子被撞倒了，肚子被那怪物的獠牙给豁开了，肠子流了一地。

那个雷兽一看捕到了猎物，低下头来准备美餐一顿时，伍宗诚和他另外的伙伴同时开了枪。怪物身中数弹，倒在了地上。人们赶紧把受伤的伙伴送到医院，可已经晚了。

雷兽被杀死

天亮以后，人们都来看这个怪物，大家不约而同地说："这就是雷兽！"事后，伍宗诚把雷兽的皮剥了下来，卖给了皮货商，把所得的钱送给了死去的那位伙伴的妻子。

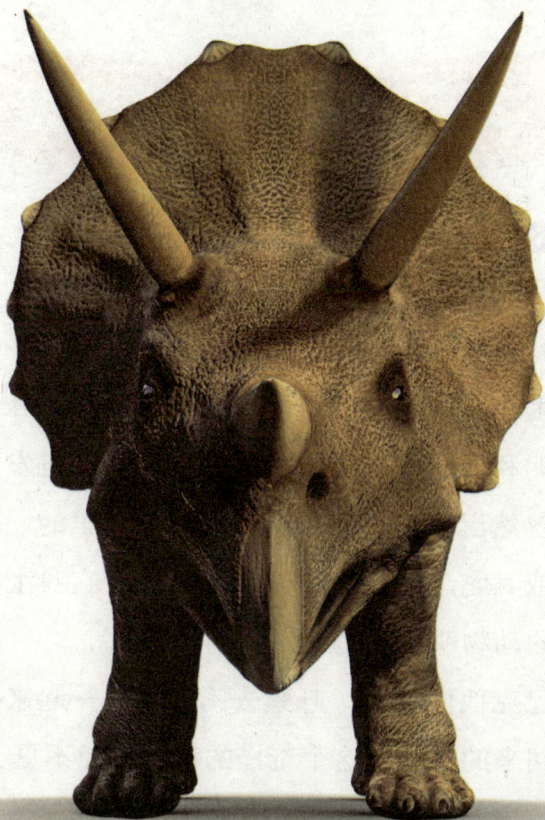

这个故事在当地引起不小的轰动，后来曾有调查队来该村进行调查，他们最后得出结论，雷兽可能是一种毛色变异的犀牛或者野猪。

所有的犀牛类基本上是腿短、体粗壮。身体笨拙，皮厚粗糙，并于肩腰等处成褶皱排列。犀牛主要分布于非洲和东南亚，是最大的奇蹄目动物，也是仅次于大象的体型大的陆地动物。

马萨诸塞的多佛魔鬼

魔鬼的出现

这是在调查佛格特遭遇不明飞行物后，很多人看到的另一个怪物，一种有着灰色皮肤的恐怖动物。

事情发生在1977年4月21日，那时大约22时3分，一个年轻的警员巴克·朗和他的两个朋友一起向多佛农场进发。就在快到农场的地方，忽然巴克·朗的眼睛注视着角落里的一个东西，开始他以为是狗或其它动物，但是，当车灯照在它身上的时候，他确定这个讨厌的动物明显不是他以为的动物。

于是，巴克他们下车，赶紧去附近叫人一起来抓捕。可是，当他们再次回来的时候，这个奇怪的动物已经不见了。

魔鬼的样子

据巴克描述，这个怪物有橙色的眼睛，长着灰毛的身体，粗糙的外皮，大脑袋和身体相比很不和谐，如同一个大地瓜，身体的颜色好像马戏团小丑的灰色服装。

陆续几年内，不断有人看到这样的怪物。至于是何种怪物就不得而知了。

魔鬼鸟：据称新几内亚偏远地方，存着一种类似翼龙的大鸟，它用满口牙齿的尖喙和利爪撕吃死尸腐肉。目击者说魔鬼鸟两翼翼展达1.2米。

在线小知识

神秘的密苏里怪兽

密苏里怪兽

20世纪70年代初期的美国报纸版面上，一个被叫作模模的像猿人一样的怪兽频频被曝光。这个动物是在路易斯安纳州的一个名叫密苏里的小城附近被发现的。

1971年7月，两个在密苏里城外的林地里露营的女人报告说，看到了一个半猿半人的东西，它身上不断散发出令人作呕的气味。它是从一片树林中走出来的，一边向她们走来，一边发出某种"嘎嘎"的声音。

她们赶快逃跑，把自己反锁在车子里。这只动物吃完了一个

被两人留在外面的花生酱三明治后，就返回树林。

那两名妇女向密苏里警察局报告了此事，但当时并未将之公布于众。

直至一年后，才与许多其他的类似报告一起被披露出来。这是模模首次正式露面。

模模在制造了一系列的事件后，赢得了"密苏里怪兽"的美称。

怪兽开始袭击村庄

1972年7月11日，密苏里怪兽又露面了。

那天下午，3个小孩子看到一只"1.8米或2.1米高，全身披满黑毛"的动物站在一棵树附近。它的身上溅有血点，这可能来自于它腋下夹着的那条死狗。

同一天，一个邻居曾听到过一种奇怪的吼声；一个农夫则发现他的一条狗不见了。

3天后的一个晚上，有一个孩子的父亲埃德加·哈里森，正与几个朋友在家门外闲聊。

突然间，他们看到一个火球从附近的一座小山背后飞了过来，落在街对面一所废弃的校舍后面。大概过了5分钟，第二个火球飞了过来。

不一会儿，他们听到山顶上传来响亮的吼声，但看不见到底是什么东西发出的这种响声。

警察闻讯后前往调查一无所获。一两个小时后，哈里森与同伴们摸黑在山顶四周检视。他们经过一所老房子，房子里充满着强烈的难闻气味。这种气味正是模模所特有的。

后来，路易斯安纳州的其他一些目击者也报告说看到了小的发光物体，并留下了类似的气味。

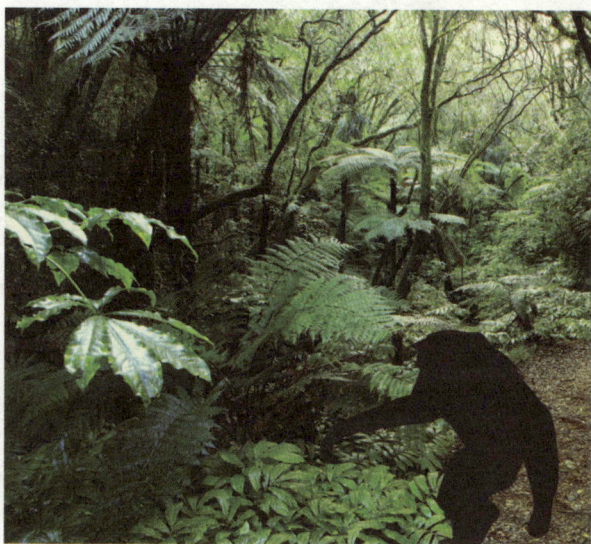

目击者的所见所闻

这一系列目击案持续了两个多星期；这期间其他人也报告说曾见到过同时具有猿与人的一些特征的长有毛发的两足动物。一些人甚至说曾听到空气中振动着声音。一个声音说："你们这些男孩不得进入这片树木。"而另一个声音则要一杯咖啡！曾发现过几次怀疑是这种动物留下的脚印，其中只有一次进行了科学认证，结果却被判定为俄克拉荷马城公园园长劳伦斯·柯蒂斯的恶作剧。

有许多路易斯安纳州的居民报告说，在空中发现过火球或其他一些不寻常的物体。

最富离奇色彩的是，这其中有一个报告说一个带有发光窗户的UFO曾在山顶上停留了5个小时，把路面照得亮如白昼。

在线小知识

1997年，南非一个小村的村民说村子里突然闯进一个怪物。怪物会袭击人类，更可怕的是，它只吃受害者的脑浆。当时村民统计说有9个人被怪物杀死。

澳洲昆士兰魔龙

史上最大古巨蜥

1968年10月12日，澳洲昆士兰有人目击长约12米的蜥蜴。古巨蜥是文献记载中最大型的蜥蜴。

1977年，澳洲汤斯维尔露营客宣称被庞大爬虫类吓倒。由几位少年所发现的足迹与9米长的爬虫类一致，体型远比科莫多龙还要大。科莫多龙是世界上现存最大的蜥蜴，长达3米多。能迅速运动，偶尔攻击人类。

古老的原住民传说中提到，有一只来自高山的肉食性巨蜥曾造成村民恐慌。他们指的可能就是史上最大型的蜥蜴——古巨蜥。

一些隐匿生物学家相信古巨蜥仍然生活于澳洲雨林之中。虽然科学家推测古巨蜥已经绝种，但若被重新发现也不奇怪。根据报道，昆士兰一名农夫在农场中所找到的骨头确定为古巨蜥的骨

骸。古生物学家估计那些骨骸只有300年历史。这一发现或许能证明多年来古巨蜥在昆士兰的目击事件。原住民大约在4.8万年前抵达澳洲，而古巨蜥及该区的其它大型动物却在同一时间突然消失。

在2008年9月，属于一名失踪登山者的摄影机、手表和凉鞋，在北昆士兰的河岸被人寻获。在附近发现了不明动物的足迹。难道它们真的存在于我们的世界吗？

澳洲魔龙致命感染夺人性命

2007年，热爱户外运动的蒂姆艾克林，前往澳洲雨林拍摄终极求生的第一集，节目前提是将人带到偏远的地方，让他们在野外各种艰苦的环境中生存7天，没有食物，没有工作人员与外界联系。

尽管蒂姆艾克林懂得户外生存技巧，他在澳洲雨林遇到的挑

战，仍然使他始料不及。蒂姆艾克林的尸体一直没有找到，但土著居民在村庄外不到400米的地方发现了他的摄像设备，对设备上的唾液进行DNA检测，发现唾液不属于任何已知的爬行动物，这让我们只能继续思考这世界上难道真的有怪兽存在。

从视频上看出，蒂姆艾克林一开始是觉得可以的，直至后来有一天傍晚时分，蒂姆艾克林在尝试给我们展示如何找食物的时候，被袭击了。接着，他尝试去弄营火，但没有成功。

住所的外面，开始有东西在徘徊。随后第二天被咬的地方出现了败血病的症状，蒂姆艾克林就尝试去寻找附近的村庄，他感觉到有东西跟着他，而且那个东西一直尝试靠近他。直至最后，

他实在力竭便放弃了。

就在他说完临终话的时候，那个怪物再次袭击。蒂姆艾克林跑了，但明显被怪物在后面追，镜头中看到他无能为力的挣扎。非常的震动人心，最终还是没能逃出魔掌。

澳大利亚时间2006年9月4日11时许，厄文在大堡礁海域拍摄一部名为《海中最致命生物》的纪录片时，遭到魔鬼鱼有毒刺钩刺入胸部直至心脏，在送医前就死亡。

澳大利亚尤韦怪

人对尤韦的恐惧

在近代澳大利亚，"尤韦"一词经常用来指那些大型、多毛、像人一样的动物。

尤韦的目击案报告几乎全部集中在中南部海岸、新南威尔士以及昆士兰黄金海岸地区。当地土著人对尤韦十分恐惧。

怀疑尤韦是猴子

1842年《澳大利亚与新西兰月刊》上的一篇文章怀疑这种动物可能只是人们想象中的，当然也有一些澳大利亚自然学家相信尤韦是真正的动物。

文章认为，由于这种动物的"稀有、狡猾与孤僻，人们从来未能成功地捕到一个标本"。文章说尤韦很可能是一种猴子。

有关尤韦的传说

20世纪以来，有关尤韦的传说一直没有停止。

约翰·盖尔在1903年出版的《高山远足记》一书中写道：19世纪与20世纪之交的一天，约瑟夫·韦伯与威廉·韦布在新南威尔士

的一座山中野营，看到了一只样子吓人的像猿似的动物。他们向它射击，但并没有发现血迹或其他证据证明击中了它。

1903年8月7日的《奎团拜因观察家报》刊登了一封来信，作者声称曾看到过土著人杀死过一只尤韦。

发现尤韦的足迹

1971年澳大利亚皇家空军测量队乘直升机在不可攀登的森蒂纳尔山的山顶着陆。令人吃惊的是，队员们竟然在泥地中发现了巨大的像人一样的脚印。

1976年4月13日，在新南威尔士卡通巴附近的格罗斯山谷，五名搬运工遇到了一只气味难闻、身高1.5米的尤韦，从其隆起的胸部看，属于雌性。

1978年3月5日，一个正在黄金海岸斯普林布鲁克附近伐木的工人报告说，听到了一种类似于猪那样的"呼噜"声。他走进树

林中寻找，看到了"一个长有黑色毛发的足有3.6米高的类似人的东西。看起来很像一只大猩猩，有一双巨手，其中一只手绕在一棵小树上。脸部黑平发亮，有一对黄色的眼睛，一张像洞一样的嘴。它就那样盯着我，我也盯着它。我几乎麻木了，连手中的斧子都举不起来了。"

成立尤韦研究所

20世纪70年代，雷克斯·吉尔罗伊成立了尤韦研究中心。据他说，该中心已收集到3000多个报告。

当然，所有这些报告却始终动不了大多数澳大利亚科学家的正统思想，因为毕竟科学需要的是实实在在的证据。

就连曾经大量撰文论述这一神秘动物的格雷厄姆·乔伊纳也认为，所谓的尤韦不过是一种现代小说虚构的。

狼人：可怕的狼人是人类与野兽的混合体。据说1764年一只类似狼的奇怪生物杀死了法国乡村数十个村民。古代人相信，一些人在满月或者特定的日期拥有变身动物的能力。

在线小知识

形似蝙蝠的飞怪

报纸的相关报道

人们普遍认为，怪物只有在与世隔绝的丛林沼泽地带才能够被发现。但以下报道足以让读者惊奇。

1890年4月26日，一家名为《墓志铭》的美国报纸刊登出一条令人震惊的报道。作者称几天以前，两骑手在穿越距墨西哥边境约2.4万米的一片沙漠时，突然看到空中飞来一只巨大的怪物。

据目击者称，这只飞怪体长超过27米，它那两边形似蝙蝠的翅膀在展开时竟有48米之宽。同蝙蝠翅膀一样，它的双翼上也没有羽毛，而是裸露着粗糙的厚皮。它的头部有两米长，两颊张开时露出上下两排尖利的长牙。

1969年，有一家杂志重新登出了几十年前由《墓志铭》登过的那篇报道。

一位年事极高的老人在看过重登出来的报道后说自己在孩提时代曾结识过报道中提到的那两位目击者，并曾亲耳听他们讲起过有关飞怪的故事。

老人说，那两位骑手是他们家乡赫赫有名的牛仔。他们说确实在1890年4月下旬的一天看到过一只以前从未见过的会飞的怪物。

这只怪物有一对不长羽毛的翅膀，但这对翅膀没有报纸上吹

嘘的那么大。实际上，它的翼展只有6米至10米宽。当然，这已经称得上是巨翅了。两名骑手也确实曾举枪向飞怪射击，但没能将其击毙。

飞怪在中枪后有两次几乎栽落到地面上，但每一次都挣扎着又飞了起来。最后，当两位牛仔离开时，这只受了伤的巨怪仍然在半空中扑腾。

教师的亲身经历

距今更近的1976年2月24日，得克萨斯州的3名中学教师驾车外出办事。正当他们行驶在距墨西哥边境很近的一条乡间公路上时，他们突然感到自己的汽车被一个很大的黑影罩住了。3个人不约而同地抬头去看，发现汽车正上方很低的空中正飞行着一只巨大的怪物。

这只飞怪长着一双巨翅，翅膀上没有羽毛，裸露在外的皮肤绷得紧紧的，从下面可以清楚地看到支撑起这双巨翅的那些长长的骨骼。这对翅膀倒很像蝙蝠的双翼，只是它们大得出奇，在完

全展开时达5米至6米宽。

教师们被这只飞怪惊呆了，他们从未见过甚至从未听说过这样的怪物。事后，3个人花了很多时间去翻阅各种资料，想搞清楚它到底是什么东西。他们觉得哪怕曾有人发现过任何一种与之相类似的动物，不管是活的还是死的，都有助于解开他们心中的疑团。

最后，终于在一本书中找到了一种与他们所看到的飞怪最为接近的动物，那就是翼手龙，一种长着巨喙、翼展达9米的会飞的恐龙。不过，这种动物早在6500万年以前，也就是恐龙时代结束时就在地球上灭绝了。他们看到的会是翼手龙吗？

夫妇的所见所闻

一波未平，一波又起。很快又有两个人声称，在3位教师之

前没几天也在靠近墨西哥边境的地方见过这种飞怪。或许这两拨人所见到的是同一只动物。

上述现象也发生在其他一些地方。1981年8月8日清晨，一对夫妇驾车穿越宾夕法尼亚州的塔斯卡洛拉山，突然发现眼前跑出两只形似蝙蝠的动物。

这两只长着翅膀的家伙显然因汽车快速驶近而受到了惊吓，它们张开双翅像受了惊的鸭子一样蹒跚着向前奔跑，拼命挣扎着要飞起来。它们的双翅没有羽毛，完全展开时有15米宽，几乎接近公路的宽度。没多久，两只怪物就腾空而起，向远方飞去。

坐在汽车内的夫妇两人一直紧盯着这两只咆哮着的巨怪，直至它们消失在天际。

从两人所描述的情况来看，他们所看到的也像翼手龙。难道

它们真是生活在史前时期的那种会飞恐龙的后裔吗？

发现翼手龙化石

　　所有这些目击事件都无法用现有的科学知识去解释。在持正统科学观念的人看来，这些目击者肯定是发生了错觉或幻觉，不然的话，他们就是在为哗众取宠而设置骗局。

　　不过，科学研究已经证实，在北美大陆上确实生活过翼手龙一类的古代动物。

　　1971年至1975年间，在得克萨斯州的西部，一共出土了3具翼手龙化石。经鉴定，它们都生活在恐龙时代的末期。尽管3具骨骼化石都不完整，但仅凭已经找到的骨骼就完全可以推算出这

种翼手龙的翼展大约有15米宽。

迄今为止，这些化石不仅是我们所发现的最大的飞龙化石，也是距今年代最近的飞龙化石。

从现有的资料来看，它们很可能是地球上最后的翼手龙。也许有一天我们能找到距今年代更近的翼手龙化石，或许还能挖出几具它们的遗体呢！

在线小知识

　　翼手龙生活在白垩纪，它们的骨骼在欧洲被发现。其特征为：由轻而紧密的骨组成的头骨轻巧；骨骼薄，中空；第一指特别长，用以支撑膜翼；后肢短。翼手龙能够像鸟一样飞翔。

缅甸的吸血鬼鱼

吸血鬼鱼的发现

2009年动物学家在缅甸的小溪中发现一种小鱼，与其它鱼类不同的是，它有着像吸血鬼一样的牙齿，因此被称为"达尼埃拉·德拉库拉"。

它是一种半透明的小鱼，只有0.017米长，属于鲤科。这一科的鱼大多都是淡水鱼，如鲤鱼。这条"吸血鬼鱼"被正式宣布为一个新物种。

伦敦自然科学博物馆的动物学家拉尔夫·布里茨博士为这一

发现感到高兴。他说："这条鱼是近10多年来发现的最令人惊奇的脊椎动物。"他说，"吸血鬼鱼的牙齿是最令人兴奋的地方，因为鲤科的其他3700多个成员都没有牙齿，它们的牙齿早在5000万年前就消失了。"

专家描述

英国伦敦国家历史博物馆鱼类研究专家阿尔夫·布瑞特兹说："这项发现之所以非常令人惊异是因为鲤形目鱼类在5000万年前就已进化消失了牙齿结构。"

为什么这种小鱼在进化历程中仍保留着牙齿结构呢？

科学家经过进一步分析得出结论，这种吸血鬼牙齿般的结构并不是牙齿，而是一种骨骼，或者更准确地说是颚骨的副产物。这些骨骼会刺破皮肤生长，形成弯曲的尖状结构。它的下颚可以张开较大的角度，与身体主躯干呈45度至60度。

通过对比吸血鬼鱼的DNA和斑马鱼以及鲤形目鱼类，布瑞特兹评估出这种骨骼突出结构是在3000万年前，鲤形目鱼进化失去牙齿后逐渐形成的。

吸血鬼鱼并不将这种奇特的牙齿用于捕食；在身体结构上雄性还长着较大的腹鳍和顺向肛门，生殖器官位于鱼鳍之间。

在线小知识

人们在澳大利亚塔斯马尼亚岛附近水域发现了红色"长手鱼"。据悉，由于长手鱼数量极少，很少出现在野外海域，同其他鱼类物种相比，长手鱼产卵数量更低，它们的生存问题面临着考验。

图书在版编目（ＣＩＰ）数据

怪兽怪相的故事解读：怪兽部落见证 ／ 韩德复编著
. -- 北京：现代出版社，2014.5
ISBN 978-7-5143-2641-3

Ⅰ．①怪… Ⅱ．①韩… Ⅲ．①古生物－普及读物
Ⅳ．①Q91-49

中国版本图书馆CIP数据核字(2014)第072399号

怪兽怪相的故事解读：怪兽部落见证

作　　者：韩德复
责任编辑：王敬一
出版发行：现代出版社
通讯地址：北京市定安门外安华里504号
邮政编码：100011
电　　话：010-64267325 64245264（传真）
网　　址：www.1980xd.com
电子邮箱：xiandai@cnpitc.com.cn
印　　刷：汇昌印刷（天津）有限公司
开　　本：700mm×1000mm　1/16
印　　张：10
版　　次：2014年7月第1版　　2021年3月第3次印刷
书　　号：ISBN 978-7-5143-2641-3
定　　价：29.80元